NOUVEAU MANUEL PRATIQUE

DU

PÊCHEUR A LA LIGNE

EN VENTE A LA MÊME LIBRAIRIE

Fabrication et Emploi des Filets de Pêche, par le commandant Vannetelle.
1 beau volume in-16 avec 64 figures dans le texte. — Prix . . . . **3** fr.

Cordes et Ficelles. 300 manières diverses de faire les nœuds. Un beau volume
in-8°. — Prix. . . . . **2** fr.

La Motocyclette. Choix de la machine et des appareils. — Accessoires. — Moteur à quatre temps. — Carburateur à pulvérisation. — Conduite. — Graissage. —
Transmission. — Pannes, etc., par A. Coqueret. 1 beau volume in-8°, de **7** figures
dans le texte et un album contenant un modèle avec détails en couleurs des organes
superposés et démontables de la Motocyclette. — Prix . . . . **3** fr.
    Le texte seul. — Prix. . . . . **1** fr. **75**
    L'album. — Prix. . . . . **1** fr. **50**

Les Omnibus automobiles. Conseils pratiques sur l'organisation des transports
en commun par omnibus automobiles, par G. Le Grand. 1 volume in-8°, 17 figures.
— Prix. . . . . **1** fr. **50**

Nouveau Manuel du Conducteur d'Automobiles, par Maurice Farman et
P. Maisonneuve. — Théorie du moteur. — Organes. — Graissage. — Carbura-
teurs. — Allumage. — Embrayage. — Changement de vitesse. — Freins. —
Châssis. — Les pneumatiques. — Conseils pratiques. — Les pannes et les moyens
d'y remédier. — 1 beau volume in-8°. Cartonnage toile anglaise, 1908.
— Prix. . . . . **5** fr. **50**

Manuel du Conducteur d'Automobiles, par Maurice Farman. — In-8°,
160 figures, 4ᵉ édition, 1905. — Prix. . . . . **4** fr. **50**

Catéchisme de l'Automobile à la portée de tout le monde, par H. de Graffigny,
ingénieur civil. 1 volume in-16, cartonné, 64 figures dans le texte. — Prix. . **2** fr.

ÉMILE COLIN ET Cⁱᵉ — IMPRIMERIE DE LAGNY

E. GREVIN, SUCCʳ

BIBLIOTHÈQUE DES ACTUALITÉS INDUSTRIELLES, N° 116

NOUVEAU MANUEL PRATIQUE

DU

PÊCHEUR A LA LIGNE

PAR

GEORGES LANORVILLE

Avec une préface de M. R. de Saint-Arroman.

136 figures dans le texte.

PARIS

Librairie Bernard TIGNOL

PUBLICATIONS DE LA

LIBRAIRIE de l'ÉCOLE CENTRALE des ARTS et MANUFACTURES

53 bis, Quai des Grands-Augustins, 53 bis

PRÉFACE

A MONSIEUR GEORGES LANORVILLE

Cher Monsieur,

En qualité de voisin et de compagnon d'armes, en ces combats pacifiques où les régiments de lignes sont parfois beaucoup plus nombreux que les troupes à capturer — ce qui pourtant n'assure pas la victoire — vous me demandez de présenter votre « Manuel » au public. J'en suis un peu surpris. Votre ouvrage a d'autant moins besoin d'un avant-propos que vous l'avez vous-même présenté d'une plume alerte et que votre énonciation, à la fois poètique et simple, des mobiles généreux, altruistes comme on dit maintenant, qui vous ont poussé à l'écrire est tout à fait engageante. Enfin, puisque vous souhaitez que je donne sur l'utilité de ce livre une opinion personnelle, je m'y risque. A cela, je ne cours aucun danger, persuadé que vos lecteurs partageront mon sentiment, avant même qu'ils n'aient analysé et pesé l'importance des judicieux conseils que votre expérience avertie a si bien groupés à leur intention.

Je n'hésite pas à déclarer qu'en mettant à la portée de tous, grâce à votre limpide interprétation, les méthodes ordinairement si confuses qui prétendent assurer au pêcheur la plénitude des joies attendues d'un sport un peu ridiculisé bien à tort, vous vous êtes attelé à une œuvre essentiellement sociale et que vous collaborez ainsi, très utilement, à l'équilibre si nécessaire des esprits. Le château, la chaumière et la villa vous devront d'égales actions de grâce. Si fortunés, pauvres, nobles, roturiers ou bourgeois qu'ils soient, qu'ils soient de robe ou d'épée, d'église ou laïcs, ceux qui vous liront apprendront à s'outiller congrûment, à soigner leur outillage, à le réparer de leurs propres mains. Ils auront le secret des amorces, des esches les plus variées et les plus irrésistibles ; ils sauront discerner le coin où ils doivent élire domicile ; ils ne commettront plus cette ânerie de pêcher, aux mêmes heures et avec les mêmes moyens, les poissons les plus dissemblables de mœurs et d'appétit. Par surcroît, s'ils suivent vos conseils d'hygiène, ils seront à l'abri des coryzas, des congestions, des rhumatismes et autres infirmités qui guettent avec férocité les chevaliers de la gaule. Et, s'ils profitent de vos enseignements, ils en remontreront à tous les gardes champêtres, juges de paix, voire à nombre de tribunaux, sur la législation de la pêche et par conséquent sur l'étendue de leurs droits et aussi de leurs devoirs. Oui, cher Monsieur, votre Manuel est excellent. En le qualifiant de « pratique », vous n'avez pas exagéré. Il l'est dans la plus large acception du terme. Vous l'avez conçu et rédigé pour vous récréer, pour vous reposer de vos patriotiques et obsédants travaux professionnels. Et cela ajoute à son charme et à son mérite.

Veuillez donc agréer mes très cordiales félicitations. Je les multiplierais, au risque d'offenser votre modestie, si je ne craignais de retarder trop longtemps vos lecteurs. S'ils trouvent que déjà j'ai abusé, ils me pardonneront évangéliquement, parce que, comme eux, moi aussi, j'ai beaucoup péché.

RAOUL DE SAINT-ARROMAN.

Etrechy, 16 juin 1908.

INTRODUCTION

Lorsque la chasse est complètement fermée pour tous les gibiers, il est un grand nombre de chasseurs qui, ayant pris tout l'hiver l'habitude et le goût de la vie au grand air, ne peuvent se résigner à rester à la maison et cherchent au dehors quelque distraction qui leur soit, pendant l'été, un prétexte à de nouvelles sorties dominicales. C'est ainsi, plus souvent qu'on ne pense, que la passion de la chasse conduit à la passion de la pêche.

Combien d'autres, moins robustes ou moins fortunés, qui ne peuvent se livrer au plaisir de la chasse et qui, cependant, sont assoiffés d'air pur, ont été conduits par leur amour des vastes espaces à pratiquer le sport si intéressant de la pêche.

La pêche ! mot magique et mystérieux qui provoque le rire chez les profanes et fait battre plus vite le cœur des initiés. Sport ridicule aux yeux du vulgaire, passionnant, au contraire, pour qui l'a pratiqué, la pêche, en effet, n'est pas ce qu'un vain peuple pense, et, — pour ne citer que d'illustres morts, — M. de Salvandy, ministre de l'Instruction publique sous Louis-Philippe, Alphonse Karr, l'humoristique auteur des « Guêpes », et notre contemporain Waldeck-Rousseau ont honoré brillamment la corporation des pêcheurs à la ligne.

Avec de tels chefs, en vérité, l'armée innombrable des trempeurs de fil, dédaigneuse des brocards qui l'assaillent, peut se livrer sans fausse honte à son plaisir favori.

La barrière, d'ailleurs, n'est pas infranchissable qui sépare les deux camps adverses.

« Tel qui rit vendredi, dimanche... pêchera », et il ne faut souvent que quelques heures passées au bord de l'eau pour faire du plus réfractaire un adepte, timide d'abord, puis de plus en plus passionné, jusqu'au fanatisme final et impénitent.

Quoi de plus attrayant, en effet, qu'une bonne séance de pêche, le matin, à l'heure somptueuse où se déroule le merveilleux spectacle d'un beau lever de soleil. Quoi de plus pur, de plus gracieux, de plus émouvant, que l'éveil de la nature, dans la belle saison, alors que les oiseaux chantent leur hymne au soleil.

Puis, quand les brumes du soir s'étendent sur la campagne, lorsqu'un léger brouillard commence à flotter à la surface des eaux, à l'heure indécise et poétique, faite de charme et de tristesse, qui n'est plus le jour et n'est pas encore la nuit, avec quel plaisir, amis pêcheurs, nous rentrons à la maison, frissonnant un peu à cause de l'humidité. Nous nous sommes baignés dans la lumière, source de toute vie, nous avons, au spectacle d'une belle nature, élevé notre âme au-dessus des basses contingences habituelles, nous avons régénéré notre sang et reposé notre cerveau, nous sommes devenus meilleurs et plus forts, nous n'avons pas perdu notre temps.

C'est parce que j'aime passionnément la pêche et que je la crois salutaire à l'esprit et au corps que j'ai eu l'idée d'écrire ce modeste ouvrage, dans lequel je me suis efforcé surtout d'être clair et pratique, et je m'estimerai heureux si je puis donner à quelques-uns de ceux qui me feront l'honneur de me lire le goût de ce sport délicieux et reposant entre tous.

TABLE DES MATIÈRES

NOUVEAU MANUEL PRATIQUE

DU

PÊCHEUR A LA LIGNE

CHAPITRE PREMIER

MATÉRIEL DU PÊCHEUR

Les cannes.

De même que l'étude du fusil et des munitions s'impose à quiconque veut devenir chasseur, l'étude du matériel de pêche est indispensable à qui veut apprendre à pêcher, et la canne, en premier lieu, doit attirer l'attention du néophyte.

C'est là, en effet, le plus important des engins de pêche, et le plus coûteux, sans doute, pour qui veut être équipé convenablement. Il importe donc que le débutant, au moment de faire ses premières acquisitions, possède des données sérieuses sur cette partie de son outillage.

Les matières les plus communément employées pour la fabrication des cannes à pêche sont le roseau, pour les cannes légères et destinées à la pêche du petit et du moyen poisson, et le bambou, pour les cannes plus lourdes, mais plus résistantes, qui permettront de capturer les grosses pièces. On utilise cependant encore quelquefois le jonc, le frêne, l'hickory, ou noyer d'Amérique, et le greenhart.

On fabrique également aujourd'hui des cannes en acier, dont quelques-unes, même, se montent à la façon d'un télescope; mais à vrai dire, l'usage n'en est pas encore très répandu.

Avant de commencer l'étude détaillée des différents modèles de cannes, il convient d'ajouter encore qu'on les divise en deux grandes catégories : cannes françaises et cannes anglaises. Nous nous occuperons d'abord des premières.

Cannes françaises en roseau.

Le roseau employé pour les cannes est ordinairement le roseau de Fréjus, très souple et très léger, quoique doué d'une assez grande solidité. On n'emploie que du roseau bien droit et bien sec, qu'on a visité soigneusement, afin d'éliminer les brins fendus ou défectueux.

Ces cannes se font en trois, quatre ou cinq brins, de longueur égale, variant habituellement de 1 mètre à 1 m. 50, sauf le scion qui est généralement plus petit que les autres brins.

Cependant, aujourd'hui, on construit souvent ces cannes d'une autre manière. On donne au pied de canne, qui est le plus gros brin, la plus grande longueur, et on diminue progressivement cette longueur dans tous les autres brins, jusqu'au scion, qui est le plus court. On a reconnu que, dans ces modèles, lorsque les dimensions de chaque bout ont été soigneusement étudiées, le centre de gravité se trouve beaucoup plus rapproché de la main du pêcheur, ce qui donne un équilibre supérieur et facilite beaucoup l'action de ferrer.

Les bonnes cannes en roseau sont munies de viroles aux deux extrémités de chaque brin. On a soin de laisser, à l'intérieur de chaque virole femelle, une légère épaisseur de bois, creusée à l'intérieur d'un trou dans lequel on introduit la virole mâle du brin correspondant. Le montage est ainsi plus doux et plus parfait.

Les cannes en roseau doivent être soigneusement ligaturées entre tous les nœuds. Si ce travail n'a pas été fait par le fabricant, le pêcheur aura tout intérêt à l'exécuter lui-même. On verra, dans un chapitre suivant, comment il faut procéder.

Les cannes en roseau sont rarement munies d'anneaux. Cependant, le pêcheur qui n'a qu'une canne, et veut s'en servir pour toutes pêches, aura peut-être avantage à les choisir ainsi montées, à moins qu'il ne préfère exécuter ce travail lui-même, ce qui est moins coûteux et très facile également.

La valeur d'une canne en roseau dépend de la qualité du bois, des soins apportés à sa fabrication, de son équilibre, des viroles, des ligatures, etc. Une bonne canne de ce genre, soigneusement entretenue, peut servir pour presque toutes les pêches de rivière, sauf pour la pêche du gros brochet et des grosses carpes. C'est la canne qui convient à tous les débutants et à ceux qui ne peuvent ou ne veulent se munir d'un attirail trop compliqué.

Les cannes de choix, en roseau, sont ordinairement munies d'un scion en bambou blanc. Souvent même, elles sont vendues avec deux scions, ce qui est très pratique, car de cette façon, on en a un de rechange qui peut remplacer le premier si celui-ci vient à être cassé.

Les cannes de roseau d'une seule pièce, qu'on trouve chez beaucoup d'épiciers de province, sont en général très mauvaises et indignes d'un pêcheur qui se respecte.

Cannes françaises en bambou.

Le bambou employé le plus souvent pour les cannes à pêche est le bambou noir de Chine ou de Calcutta. Le bambou blanc, qui est très souple, est beaucoup plus lourd et n'est utilisé habituellement que pour la fabrication des scions destinés aux cannes de roseau.

Les cannes de bambou, un peu moins souples peut-être que les cannes de roseau, sont également plus lourdes. Elles sont, par contre, beaucoup plus résistantes. On les emploie surtout pour la capture du brochet, de la perche, et des grosses espèces de poissons blancs.

Elles sont presque toujours munies d'anneaux et ligaturées entre tous les nœuds. Au pied de canne est fixé un porte-moulinet (fig. 1); les

Fig. 1. — Canne française en bambou avec anneaux et porte-moulinet.

scions sont ordinairement en bambou noir, plus rigide que le bambou blanc, et, par suite, préférable pour la pêche des gros poissons.

Un autre perfectionnement apporté souvent à ces cannes consiste en l'adjonction, à la virole mâle, d'un tenon qui vient s'introduire dans un logement réservé à cet effet au fond de la virole femelle. Ce tenon, autant que possible, doit être garni de cuivre, afin d'éviter une adhérence trop grande en cas de pluie ou d'humidité qui le ferait gonfler dans son logement. Il donne plus de solidité à la canne et empêche les brins de se séparer aussi facilement au moment où on lance l'appât.

Cet accident, d'ailleurs, ne se produit pas souvent avec les cannes établies soigneusement. Cependant, certains fabricants ont apporté au montage des cannes de nouveaux perfectionnements, tels que viroles à rainures ou à pas-de-vis, qui empêchent complètement toute séparation accidentelle des brins qui les composent.

Dans les cannes françaises en roseau ou en bambou dont il vient d'être parlé, le bois n'a subi d'autres apprêts qu'un redressage, s'il y a lieu, un polissage et un vernissage.

Les cannes anglaises, qui vont être étudiées maintenant, diffèrent des précédentes en ce qu'elles ont été l'objet d'un travail supplémentaire destiné à rendre la canne lisse et sans aucune aspérité. Il va sans dire que ces cannes, pour rester solides après cette opération, doivent être établies en bois de tout premier choix, et, le travail qu'elles exigent étant plus long et plus minutieux, leur prix est naturellement plus élevé que celui des cannes françaises de même longueur.

Cannes anglaises en roseau rubanné.

Si, dans les cannes de roseau, on rabotait les nœuds, on enlèverait trop de résistance au bois. On se contente donc, dans la fabrication des cannes rubannées, d'enduire les parties situées entre les nœuds d'un mastic spécial et très léger destiné à égaliser la surface. Sur ce mastic, au moyen de tours, on enroule des rubans de toile, imbibés de colle, dont les spires sont tangentes. Puis, sur ce premier rubannage, on en exécute un second en sens contraire. Les extrémités des rubans sont fixées sous les viroles, et le tout est recouvert d'un vernis gras qui empêche l'eau de pénétrer jusqu'à la toile.

A peine plus lourdes que les cannes ordinaires en roseau, les cannes rubannées sont très élégantes et très solides. Elles peuvent être munies également d'anneaux, et d'un porte-moulinet, et, comme les précédentes, sont utilisées surtout pour la pêche au coup, ainsi que pour la pêche au vif et au poisson tournant.

Cannes anglaises en bambou.

Ainsi qu'il a été dit plus haut, ces cannes ne diffèrent des cannes françaises en bambou que par la suppression des nœuds, qui ont été rabotés, de manière qu'elles aient plus de cachet et d'élégance. Elles sont habituellement, comme les cannes françaises en même bois, munies d'anneaux et d'un porte-moulinet et montées à tenons garnis de cuivre. Elles servent surtout pour la pêche du brochet et de la perche au vif, au poisson tournant et au ver. Leur prix, toutes proportions semblables, est sensiblement plus élevé que celui des cannes françaises en bambou.

Cannes en hickory.

L'hickory, ou noyer blanc d'Amérique, entre dans la fabrication des cannes à bon marché pour la pêche à la mouche. Avec ce bois, qui se travaille très bien, est résistant et suffisamment souple, on fait des cannes élégantes et légères qui permettent de lancer la mouche à une distance relativement grande.

On peut aussi, en laissant aux brins un plus grand diamètre, établir avec l'hickory des cannes très fortes pour la pêche au vif ou au poisson artificiel. Quelle que soit leur destination, ces cannes sont généralement assez courtes. Elles sont toujours munies d'anneaux et d'un porte-moulinet et donneront toute satisfaction au pêcheur trop peu fortuné pour s'offrir les cannes en greenhart ou en bambou refendu dont il va être question.

Cannes en greenhart.

Les cannes en greenhart ressemblent, extérieurement, aux cannes en hickory. Elles offrent l'avantage d'être plus souples et plus résistantes. On fait quelquefois avec ce bois, des cannes raides et fortes destinées à la pêche au vif, mais il est surtout employé pour la fabrication de celles qui sont destinées à pêcher la truite et le saumon à la mouche artificielle. Elles sont d'ailleurs parfaites pour cet usage, et ne sont surpassées que par les cannes en bambou refendu. Comme les précédentes, elles sont toujours montées avec anneaux et porte-moulinet. Elles sont ordinairement munies, à leur partie inférieure, d'une lance à vis qu'on peut ajouter ou retirer à volonté, et qui permet de les ficher en terre lorsqu'il en est besoin.

Cannes en bambou refendu.

Pour la pêche à la mouche, il n'existe rien de supérieur à ces cannes, dont la fabrication est très longue et très dispendieuse, ainsi qu'on pourra s'en convaincre en lisant ce qui suit :

« Étant bien reconnu que la force et l'élasticité du bambou résident surtout dans la partie extérieure du bois, celui-ci devenant de plus en plus mou et de plus en plus poreux à mesure que l'on approche du centre, et, considérant en outre que le bambou présente à l'intérieur une partie creuse qui augmente son volume sans aucun avantage, on a eu l'idée de n'employer dans la construction des cannes que la partie extérieure de ce bois. Pour cela, après avoir choisi minutieusement les brins, on a scié longitudinalement les tiges de manière à découper de fines baguettes dont la section a la forme d'un triangle équilatéral, et qui ne contiennent que les parties les plus résistantes du bois. En assemblant et en collant ensemble six de ces baguettes, on obtient des cannes de forme hexagonale qui, sous un faible volume, possèdent une résistance et une élasticité incomparables.

« Les six baguettes, bien entendu, sont sciées de telle manière, que, lorsqu'elles sont collées, la canne diminue progressivement de grosseur depuis le pied jusqu'à l'extrémité du scion.

« La longueur et l'épaisseur des viroles sont calculées avec soin, de façon qu'elles ne puissent nuire à l'élasticité de la canne. Comme il arrive assez fréquemment, dans les cannes à bon marché, que le bois se casse net au niveau d'une virole, on a eu l'idée de terminer celles-ci en dents de scie allongées, recouvertes d'une ligature, afin d'éviter cet inconvénient.

« Les cannes en bambou refendu sont généralement ligaturées de deux en deux centimètres. Elles sont, bien entendu, munies d'anneaux et d'un porte-moulinet, et, le plus souvent, elles ont un bouton en caoutchouc avec une lance à vis. Leur poignée est recouverte de cèdre, d'ébonite, ou encore de liège, qui est doux à la main et inusable.

« Leur longueur varie, pour la truite, de 2 m. 80 à 3 m. 60 environ ; pour le saumoneau et le saumon, de 4 mètres à 5 m. 50, les longueurs les plus recommandées étant, toutes montées, de 10 pieds (3 m. 05) ou de 11 pieds (3 m. 35) pour la truite ; de 14 pieds (4 m. 25) pour le saumoneau, et de 16 pieds (4 m. 90) ou 17 pieds (5 m. 20) pour le saumon.

Ces dernières cannes, souvent, ont à l'intérieur une tige d'acier qui augmente encore leur puissance.

On fabrique également des cannes en frêne ou en jonc qui, lorsqu'elles sont bien établies, donnent d'excellents résultats pour certaines pêches.

Enfin, quelquefois, on fait usage de cannes d'un seul morceau de bambou, de frêne, de noisetier, ou même de sapin. Outre qu'elles sont très encombrantes et difficilement transportables à de grandes distances, ces cannes ne sont supérieures en aucune façon à celles qui ont été décrites précédemment.

On trouve encore dans le commerce des cannes rentrantes en trois, quatre ou cinq bouts de 0 m. 90. Ainsi que leur nom l'indique, les brins dont se composent ces cannes se logent les uns dans les autres, et la canne, fermée alors au moyen d'un bouton à vis, a toute l'apparence d'une canne de promenade. On les fait en roseau, riz ou bambou ; les premières, évidemment, à cause de leur fragilité, ne peuvent convenir qu'aux tout petits poissons. Avec les autres, on peut pratiquer des pêches un peu plus sérieuses lorsqu'elles sont établies avec soin et munies d'un bon scion.

On reproche souvent à ces cannes de manquer d'élasticité. A mon humble avis, cependant, il n'est pas bon qu'une canne soit trop souple. (Je ne parle ici, bien entendu, que des cannes destinées à la pêche au coup.)

Lorsqu'on pêche, en effet, avec une canne un peu longue et très flexible, il se produit, au moment où on la relève pour ferrer, *une sorte de fouettement*, et le scion, avant de remonter, commence par baisser, et vient souvent toucher l'eau si la canne en est peu éloignée. Il remonte ensuite, évidemment, et cette plongée est de courte durée, mais il n'en est pas moins vrai qu'il n'en faut pas plus pour faire manquer un poisson dont la touche est un peu délicate.

Si l'on emploie, au contraire, une canne un peu raide, on ferre avec plus de justesse et de précision, et, lorsqu'on a un bon scion et de bonnes lignes, il reste encore suffisamment d'élasticité pour lutter avec le poisson et en venir à bout.

C'est pourquoi les cannes rentrantes de bonne qualité, bien construites et munies d'un scion souple peuvent être utilisées avec avantage pour la pêche des poissons moyens et en particulier du gardon, de la brême et du hotu.

Scions.

On a le choix, pour cette partie de la canne, entre un grand nombre d'essences. C'est ainsi qu'on utilise communément, pour cet usage, le bambou, le bois de lance, le noisetier, l'épine noire, le cornouiller, le lilas, le frêne, le jonc, le riz, etc.

Mais, à dire vrai, les bois les plus employés sont le bambou ordinaire pour la pêche au coup, le bois de lance pour la pêche au coup et la pêche à la mouche et le bambou refendu pour la pêche à la mouche.

Le bambou ordinaire, pour la pêche au coup, est excellent, et n'a que le défaut de n'être pas également flexible dans toutes les positions. Il est bon d'avoir deux scions pour chaque canne : l'un très fin et très souple pour les courants, l'autre plus rigide pour les grands fonds d'eau calme. Il est excellent, d'ailleurs, pour la pêche des poissons carnassiers, de donner à ce dernier une certaine rigidité en diminuant sa longueur, car une trop grande flexibilité serait plutôt nuisible dans ce cas.

Les scions en bois de lance sont parfaits. On peut, en modifiant leur longueur et leur grosseur, les établir pour tous les genres de pêche. Ils ne sont adaptés, d'ailleurs, qu'aux cannes de choix et aux cannes rentrantes de très bonne qualité.

Enfin les scions en bambou refendu sont le complément indispensable des cannes de même nature. Rien ne peut leur être comparé pour la souplesse et la solidité.

Moulinets.

Pour la pêche des poissons de forte taille, il est prudent de munir la canne d'un moulinet qui se fixe à celle-ci, soit au moyen d'un porte-moulinet à demeure ou de deux bagues de cuivre portant chacune une vis de serrage, soit à l'aide de deux anneaux en caoutchouc fort. Il va sans dire que les deux premiers procédés sont de beaucoup préférables au dernier, qui, s'il est expéditif, a le défaut de ne pas maintenir assez solidement le moulinet.

On appelle moulinet une sorte de bobine, de treuil plutôt, sur lequel, suivant sa dimension et la grosseur de la ligne, on enroule de 20 à 50, 80 et même 100 mètres de fil.

Lorsque le poisson est piqué, et qu'il est trop gros pour qu'on le sorte de l'eau immédiatement, on peut, au moyen de cet accessoire, et de crainte qu'il ne casse la ligne ou le bas de ligne, lui permettre de s'éloigner, tout en le maintenant assez pour le fatiguer, en attendant qu'on le ramène, lorsqu'il donnera des signes d'épuisement, au moyen de la manivelle qui permet de tourner la bobine.

Indispensable pour la pêche de la truite, du saumon et du brochet, le moulinet est également très utile lorsqu'on recherche les gros poissons de fond : carpes, chevesnes, barbeaux, brêmes, etc. Grâce à lui, on peut employer des bas de ligne plus fins et, partant, moins visibles, et pêcher à une plus grande distance. Aussi est-il très employé.

On fabrique les moulinets en cuivre, en ébonite, en bronze, en acier bronzé, en bois (fig. 2), etc. Le cuivre est employé surtout pour les moulinets à bon marché ; ceux en ébonite, très légers, sont un peu fragiles ; les autres sont généralement de qualité supérieure.

Les bons moulinets se font à plaque tournante et peuvent se mettre à cric ou sans cric à volonté. Lorsqu'on ne fait pas fonctionner ce cric, ils tournent très librement. Quand, au contraire, on met le moulinet à

Fig. 2. — Moulinet en bois
avec guide-ligne.

cric en poussant un bouton qui amène, à l'intérieur, l'extrémité la plus aiguë d'une plaque de métal ayant la forme d'un triangle allongé, placé entre les deux lames d'un ressort, dans les dents d'une roue dentée qui tourne avec le moulinet, chaque dent entraîne la pointe de ce triangle, cette pointe revient ensuite dans sa position primitive par l'effet de l'une des deux lames du ressort, suivant qu'on enroule le fil au moyen de la manivelle pour ramener le poisson ou que celui-ci le déroule en s'enfuyant.

Le travail nécessaire pour que chaque dent de la roue dentée, entraînant la petite pointe du triangle d'acier, puisse vaincre la résistance du ressort, donne évidemment du tirage, et le poisson qui s'enfuit et qui doit vaincre cette résistance se fatigue beaucoup plus vite.

Les moulinets sont encore quelquefois munis d'un frein qui permet d'enrayer en partie ou même complètement le mouvement de la bobine. On actionne ce frein en appuyant sur un bouton.

Dans quelques moulinets, appelés moulinets multiplicateurs, un tour de la manivelle donne plusieurs tours de la bobine, ordinairement quatre. On peut ainsi ramener plus rapidement la ligne. Malheureusement, les engrenages nécessaires pour arriver à ce résultat augmentent beaucoup la résistance du moulinet et lui enlèvent de sa délicatesse, et le pêcheur, ne se rendant plus exactement compte de la force déployée par le captif, ne peut juger aussi facilement qu'avec un moulinet simple quelle doit être sa ligne de conduite. Il lui arrive ainsi de perdre du temps en donnant encore du fil à un poisson qui se rend, et, chose plus grave, il risque de casser sa ligne, ou tout au moins son bas de ligne, en voulant ramener trop tôt un animal qui n'est pas encore assez fatigué. Aussi, ces moulinets sont-ils un peu délaissés.

Il convient cependant d'ajouter qu'il en existe aujourd'hui dont le montage est tellement minutieux et les pièces si délicates que ces inconvénients sont presque supprimés. Malheureusement, d'un prix très élevé, ces engins ne sont pas à la portée de toutes les bourses.

Enfin, on construit encore des moulinets, appelés moulinets automatiques, munis à l'intérieur d'un ressort que le poisson tend lorsqu'il s'éloigne, et qui le fatigue rapidement. Lorsqu'il revient, au contraire, ou lorsqu'il se rend, il suffit de déclancher le ressort, ce qui se fait très facilement, pour que la ligne s'enroule d'elle-même avec rapidité. Il ne reste plus ensuite qu'à terminer l'enroulement avec la manivelle. Ces moulinets sont très appréciés.

Cet appareil est donc très important. On pêche rarement, cependant, en se servant uniquement d'un moulinet tenu à la main, sauf quelquefois du haut d'un pont. Le plus souvent, le moulinet est fixé à la canne. Il faut évidemment, dans ce cas, que la ligne suive la canne jusqu'à l'extrémité du scion. C'est pour la conduire qu'on a inventé les anneaux, qui seront étudiés dans le paragraphe suivant.

Anneaux.

Il en existe un grand nombre de variétés, et un grand nombre de tailles dans chaque variété. Les plus anciens sont les anneaux mobiles, formés d'un cercle de cuivre plus ou moins grand fixé sur la canne au moyen d'une petite patte, en cuivre également, et ligaturée.

Ils présentent un grave inconvénient. Le moindre défaut dans la ligne, le plus petit nœud, les entraînent inévitablement. Ils se couchent alors sur la canne en appuyant sur la ligne qu'ils serrent d'autant plus que la traction est plus forte. Aussi sont-ils presque abandonnés aujourd'hui.

Les anneaux fixes, formés d'un fil d'acier ou de laiton enroulé en forme de cercle et dont les deux extrémités sont aplaties, se fixent sur la canne au moyen de ligatures. Ils sont préférables aux précédents. Il arrive souvent, malheureusement, que la ligne s'enroule autour de ces anneaux et se trouve immédiatement arrêtée.

C'est pour remédier à cet inconvénient qu'ont été inventés les anneaux spirales, construits en fil d'acier. Ainsi que leur nom l'indique, ceux-ci forment une sorte de spirale, et il est impossible à la ligne de s'enrouler autour (fig. 53).

Ces anneaux sont excellents et seraient parfaits si leur forme ne permettait à la ligne de frotter sur le fil des ligatures qu'elle finit par couper, particulièrement lorsqu'on place le moulinet sur la canne au lieu de le placer dessous.

Aussi fabrique-t-on des anneaux plus parfaits encore. Dans ceux-ci, le fil d'acier décrit une circonférence complète avant que ses deux extrémités, beaucoup plus longues que dans le modèle précédent, ne se séparent pour s'en aller l'un d'un côté, l'autre de l'autre côté de la canne, où ils descendent très bas pour être ligaturés (fig. 54). Ce système, qui ne permet pas à la ligne de s'enrouler autour des anneaux et de couper le fil des ligatures, est à peu près ce qui se fait de mieux à ce jour.

Aux cannes de qualité supérieure on ajoute souvent, à l'extrémité du scion, un anneau à centre d'acier tournant (fig. 3). Ainsi que leur nom

Fig. 3.

l'indique, ces anneaux sont complétés par un second anneau qui, ayant une sorte de gorge sur son pourtour extérieur, peut tourner à frottement doux à l'intérieur de l'anneau ordinaire. Ils ont pour but d'empêcher le fil de la ligne d'être coupé et d'éviter l'usure trop rapide du dernier anneau, et, à ce point de vue, ils sont en effet supérieurs aux autres.

On fabrique aussi quelquefois, particulièrement pour la tête du scion, des anneaux oscillants à poulie. Ceux-ci, suivant tous les mouvements du poisson, tournent autour de l'extrémité du scion, et, quelle que soit la position de celui-ci, la ligne glisse toujours sur une poulie et ne subit pour ainsi dire aucun frottement. Leur prix est malheureusement assez élevé.

La dimension des anneaux est proportionnée à la grosseur de la canne et au genre de pêche auquel celle-ci est destinée. Sur les cannes à brochet, leur diamètre peut être de 9 à 10 millimètres pour ceux qui sont près du moulinet, et de 6 à 7 millimètres à l'extrémité du scion.

Ce diamètre est un peu moindre sur les cannes à saumon et à truite. Cependant il importe toujours que la ligne glisse très facilement dans les anneaux, afin que, en cas de rupture, le nœud qui réunira les deux bouts de la ligne puisse encore passer librement.

Lignes.

Si une canne de bonne qualité est indispensable à qui veut pêcher sérieusement et avec quelques chances de succès, le choix de la ligne n'est pas moins important. Maintenant, donc, que nous en avons fini avec la canne et ses accessoires : moulinets et anneaux, nous allons aborder la question des lignes.

Les lignes ordinaires, pour la pêche des petits poissons, se font ordinairement en soie blanche. On en vend de différentes grosseurs. Quoique de qualité très ordinaire, elles sont suffisantes pour cette pêche.

Malheureusement, la soie employée pour la fabrication de ces lignes est formée le plus souvent d'un cordonnet retors qui a le grave inconvénient de vriller, c'est-à-dire de se tordre lorsqu'il est dans l'eau. On peut y remédier il est vrai, en faisant subir à ce cordonnet diverses préparations, fort longues et assez désagréables d'ailleurs, mais il est encore préférable, à tous les points de vue, d'acheter immédiatement chez le fabricant une soie préparée en vue d'éviter ces inconvénients.

Cette soie, qui porte différents noms suivant la maison où elle est vendue, est faite de soie tressée à chinage vert et bleu, vert et noir, vert et blanc, etc. On lui donne le nom de soie américaine, soie de chine ou soie japonaise. Lorsque ces lignes sont de bonne qualité, car, là comme ailleurs, il se fait beaucoup d'imitations, elles sont établies en soie pure, débarrassées de toute gomme, tissées finement et enduites d'une préparation spéciale qui leur donne beaucoup de solidité, les empêche totalement de vriller et diminue les frottements dans les anneaux.

Ce produit étant imperméable, les lignes qui en sont recouvertes sont d'une très grande durée. De plus, leur couleur verte les fait ressembler beaucoup à ces longs filaments qui flottent dans toutes nos rivières, et par suite, elles n'effraient pas le poisson qui les confond avec ces herbes. Elles sont donc très avantageuses à tous les points de vue, et les pêcheurs ont tout avantage, malgré le prix assez élevé de la meilleure qualité — la seule recommandable — à s'en munir de préférence à la soie blanche dont il a été question plus haut.

Il va sans dire que ces lignes sont parfaites pour le moulinet, où elles sont presque indispensables. On les fabrique d'ailleurs en plusieurs grosseurs et plusieurs longueurs, ce qui permet de les employer pour la pêche du goujon aussi bien que pour celle du gros brochet, pour monter un simple corps de ligne comme pour garnir un moulinet.

Le crin est également très employé dans la fabrication des lignes. Chacun sait que ce produit est doué d'une élasticité prodigieuse, particulièrement lorsqu'il a trempé dans l'eau un certain temps, et qu'il peut s'allonger facilement du cinquième ou même du quart de sa longueur primitive, ce qui est un avantage précieux lorsqu'on a affaire à un poisson un peu gros, qui lutte désespérément pour reconquérir sa liberté.

Aussi fabrique-t-on également des lignes en crins tressés, formées de margotins en faisceaux de deux, trois, quatre, six, etc., crins, tressés ensemble, et réunis pour former un corps de ligne.

On peut ainsi, en employant un nombre de crins suffisant, établir une ligne très résistante. Malheureusement, les nœuds qui assemblent les margotins dont cette ligne est composée la rendent inélégante, l'empêchent de passer facilement dans les anneaux de la canne, et, chose plus grave, constituent des points faibles.

Aussi s'est-on ingénié à fabriquer des lignes en crin dépourvues de nœuds, et l'on y est arrivé en tressant le crin à la machine. On arrive, par ce procédé, à faire des lignes de quatre, six, neuf, douze..... trente crins, sans aucun nœud et de la longueur que l'on désire. Ces lignes, à grosseur égale, sont un peu moins solides que les lignes en soie décrites ci-dessus, elles ne glissent pas aussi facilement dans les anneaux et se placent moins bien sur le moulinet, mais, à tous les autres points de vue, particulièrement à cause de leur élasticité, elles sont supérieures aux lignes en soie.

Aussi, les emploie-t-on avec beaucoup d'avantages lorsqu'on pêche, sans moulinet, les poissons moyens, tels que : gardons de fond, brêmes, hotus, barbillons, chevesnes, etc. Si l'on a soin de les mettre à tremper un peu avant de commencer à pêcher et de les maintenir toujours humides en les plongeant de temps en temps dans l'eau, on sera surpris des excellents résultats qu'elles donneront.

C'est pourquoi beaucoup de pêcheurs, et non des moindres, garnissent leurs moulinets de soie teinte comme celle dont il a été question plus haut et n'emploient, pour toutes leurs lignes ordinaires, que le crin tressé sans nœuds.

Cela s'explique d'ailleurs : si la ligne en soie américaine est parfaite pour le moulinet, malgré son peu d'élasticité, c'est précisément parce que celui-ci, qui se déroule au fur et à mesure des efforts du poisson, évite les secousses trop brusques et empêche par suite la rupture de la canne ou de la ligne. Au contraire, lorsqu'on pêche sans moulinet, si la ligne n'est pas suffisamment élastique, les efforts du poisson se transmettront intégralement au scion, ce qui sera peu dangereux si celui-ci est d'excellente qualité, mais pourra amener sa rupture ou la rupture du bas de ligne, parfois de la ligne elle-même, s'il est un peu trop rigide.

Avec le crin tressé, rien de pareil à craindre. La ligne s'allonge d'autant plus que le poisson lutte plus vigoureusement, et, se contractant dès qu'il cesse de tirer, elle le ramène insensiblement. Avec une bonne ligne en crin, proportionnée à la grosseur des poissons qu'on est exposé à piquer, les effets sont surprenants. Le pauvre animal est littéralement ahuri. Surpris de cette résistance continue, sans secousses comme sans rémission, qui paralyse tous ses élans et le ramène dès qu'il s'abandonne, il ne tarde pas à s'avouer vaincu et à se rendre. Rien ne peut donner une idée de la sensation agréable que l'on éprouve en pêchant avec une ligne de ce genre, particulièrement lorsque le bas de ligne, dont il sera question tout à l'heure, est également en crin et que l'on a affaire à un poisson assez fort. On ne sent aucune secousse, aucun à-coup, et le captif est maîtrisé plus vite qu'avec tout autre ligne. Aussi, peut-on dire, en rééditant un cliché devenu banal à force d'avoir servi: Essayer la ligne en crin, c'est l'adopter.

Il n'en est plus de même avec la ligne en crin de Florence, ou plus simplement florence ou racine, dont se servent certains pêcheurs. La racine, produit artificiel, ne vaut pas le crin, produit naturel. Elle provient du ver à soie que l'on fait macérer dans du vinaigre pendant quelques heures, à l'époque où il se prépare à filer son cocon. La racine, qui ressemble au crin, est beaucoup plus raide et plus résistante que celui-ci. Malheureusement, elle manque totalement d'élasticité, et, comme elle est très brillante dans l'eau, elle effraie beaucoup le poisson.

De plus, la racine a le défaut de se briser et de s'éplucher très facilement lorsqu'elle est sèche. Sur le plioir, elle s'abîme rapidement et ne tarde pas à être hors d'usage.

On peut pallier un peu ces défauts en la teignant. Pour cela, on la plonge dans une infusion très forte de thé vert bouillant, et on la laisse macérer plusieurs jours dans cette infusion refroidie. Cependant, après cette préparation, la racine conserve la plus grande partie de ses inconvénients.

Aussi, convient-il de ne l'employer que pour la construction des bas-de-lignes destinés aux poissons de forte taille, tels que carpes, gros chevesnes, gros barbillons, etc., ou des bas-de-lignes pour la pêche des grosses truites et saumons à la mouche artificielle.

Encore, le plus souvent, pourra-t-on lui substituer avec avantage la fine racine anglaise, qui n'est autre qu'une racine ordinaire, ou crin de Florence, amincie à la filière et teinte ordinairement en bleu foncé ou couleur ardoise. La racine anglaise, dont les numéros les plus fins sont aussi ténus qu'un cheveu, est excessivement résistante. Les sortes les plus grosses permettent de capturer des poissons d'un poids très respectable, lorsqu'elles ont suffisamment trempé dans l'eau, et l'on aura tout avantage à employer ce produit, presque invisible, au lieu de la racine ordinaire, toutes les fois qu'on n'aura pas affaire à de trop gros poissons.

Les racines naturelles blanches ou teintes, de même que les racines anglaises, se font de plusieurs grosseurs. On appelle refina les racines teintes les plus fines. Elles portent ensuite, en augmentant de grosseur, les noms de fina, régular, padron et marana. Les racines anglaises se font habituellement de cinq grosseurs différentes, allant de X à XXXXX, la racine XXXXX étant la plus fine.

Bas-de-ligne.

On appelle bas-de-ligne l'extrémité inférieure de la ligne, c'est-à-dire la partie qui porte l'hameçon, et qui, par conséquent, est exposée le plus à la vue du poisson.

En ce qui concerne la racine ordinaire et la racine anglaise, au point de vue de leur emploi dans la construction d'un bas-de-ligne, la cause est entendue. Il reste à savoir maintenant lequel vaut mieux, pour les poissons petits et moyens, de la racine anglaise ou du crin.

A première vue, la fine racine anglaise, ténue comme un cheveu et malgré cela très solide, paraît préférable au crin. Cependant, lorsqu'ils ne s'attaquent pas spécialement aux gros poissons, tous les bons pêcheurs préfèrent celui-ci pour la fabrication de leurs bas-de-ligne. C'est que le crin naturel, bien qu'il soit plus gros que la racine anglaise, est moins visible dans l'eau à cause de sa transparence. Il jouit d'une élasticité surprenante et s'allonge d'autant plus qu'il est généralement employé seul, surtout pour la partie inférieure du bas-de-ligne ; il ne s'épluche pas comme toutes les racines, quelles qu'elles soient ; enfin, les bouts de crin étant plus longs que les bouts de racine, on emploie moins des premiers, toutes proportions gardées, que des deuxièmes, et, par conséquent, on a moins de nœuds à faire, ce qui est encore un avantage.

Cependant, malgré tout, il convient de dire que les partisans de la racine anglaise sont nombreux. Pour justifier leur préférence, ils mettent en avant sa solidité plus grande, et il vaut mieux s'en servir en effet lorsqu'on peut craindre de piquer de gros poissons mélangés à ceux que l'on recherche, mais, lorsqu'on n'a pas cette éventualité à redouter — à espérer plutôt — il convient de n'employer que le crin.

Il va sans dire que, dans ce cas, il importe de ménager le poisson et de ne pas vouloir l'amener trop vite à l'épuisette. Il ne faut pas oublier que le crin, malgré toutes ses qualités, est assez fragile, et qu'il est nécessaire d'être très prudent lorsqu'on s'en sert.

Quelques pêcheurs proscrivent absolument l'emploi du crin et prétendent qu'il est de beaucoup préférable, sur un coup bien amorcé, et lorsque le poisson est en mordage, de pécher avec une ligne très forte, munie d'une avancée, ou bas-de-ligne, en racine solide et même grossière. Le poisson, disent-ils, mord tout aussi bien avec une ligne de ce genre, et n'ayant pas à craindre de rupture, on peut l'amener rapidement à l'épuisette. De cette façon, ajoutent-ils, le coup n'est pas troublé par les évolutions du captif.

J'avoue humblement que je ne suis pas de cet avis. Outre que j'ai remarqué souvent que j'avais beaucoup plus de touches ; avec une ligne très fine, que des voisins venant pêcher sur mon coup avec une ligne grossière, j'ai pu constater que le poisson ne s'effraie pas beaucoup des évolutions de son camarade qui se débat accroché à l'hameçon.

Il n'en est pas toujours de même, lorsqu'un poisson a cassé la ligne ou s'est décroché. Ses évolutions joyeuses, sa fuite rapide, troublent quelquefois la quiétude de ses camarades.

D'ailleurs, même s'il m'était prouvé qu'il est préférable d'employer de grossiers bas-de-lignes, je n'en continuerais pas moins à pêcher toujours le plus fin possible, car, à mon sens, rien n'est aussi passionnant que la lutte du pêcheur avec... le péché, alors que le succès ne tient qu'à un fil, c'est le cas de le dire, et qu'on sait pertinemment que la moindre imprudence, le moindre mouvement brusque, briseront ce fil et rendront la liberté au captif.

Alors, il faut savoir rester maître de soi, user de finesse et non de force, déjouer les manœuvres du poisson qui cherche à s'abriter derrière les herbes ou les branchages, le retenir tout en lui laissant prendre du champ, l'amener à fleur d'eau alors qu'il veut, au contraire, descendre au fond, le contraindre à s'approcher, alors qu'il cherche à s'éloigner, et, tout cela, sans brusquerie, sans raideur, en appliquant, d'une façon intelligente, la célèbre formule : « Une main de fer dans un gant de velours. » Voilà, si je ne m'abuse, en quoi réside le véritable plaisir de la pêche, qui devient alors un art véritable, digne de tenter les amateurs d'émotions saines et fortes. J'éprouve, pour mon compte, une jouissance véritable à pêcher finement, à lutter ainsi avec le poisson, et, malgré une pratique déjà longue, je ressens encore une sensation délicieuse lorsque je tiens, au bout de ma ligne, un bel animal qui se défend bien et menace de tout briser. Quel plaisir, alors, de maîtriser et d'amener à l'épuisette le vaillant lutteur ! Rien ne vaut cette jouissance suprême, et cela compense largement, lorsqu'on a le cœur bien placé, quelques poissons perdus — si toutefois il y a poissons perdus.

Si, d'ailleurs, on ne pêchait que pour le poisson, je ne vois pas pourquoi on emploierait la ligne. Il serait si simple de tendre des filets de toutes sortes et des lignes de fond ou de lancer l'épervier sur des coups bien amorcés. Mais, ce serait alors un métier, et non un art. Décidément, j'opte pour l'art.

On se sert encore, dans la construction des bas-de-lignes destinés aux poissons carnassiers, et particulièrement du brochet, de corde à guitare, sorte de ligne de soie, non tordue, recouverte sur toute sa longueur d'un fil de cuivre enroulé autour et qui l'enveloppe complètement ; de chaînettes de cuivre formées de deux ou trois fils de cuivre tordus ; d'un simple fil d'acier, ou, enfin, d'acier câblé, composé d'un assez grand nombre de fils d'acier aussi fins que des cheveux et tordus finement de manière à former une sorte de petit câble. La corde à guitare et le fil d'acier, plus souples et moins visibles, sont généralement préférés aux chaînettes de cuivre.

Hameçons.

Au même rang d'importance que les cannes et les lignes se placent les hameçons, dont la qualité importe beaucoup lorsqu'on veut pêcher sérieusement.

L'hameçon est une sorte de petit crochet en acier dont la tige la plus courte est terminée à son extrémité par une pointe très aiguë. Cette pointe, à demi-détachée de la tige d'acier qui sert à faire l'hameçon, forme à l'autre bout une seconde pointe, très aiguë également, qui porte le nom d'ardillon, et pénètre dans les chairs du poisson au moment où l'on ferre et empêche l'hameçon de se dégager.

La partie la plus grande de l'hameçon, appelée hampe, se termine par une boucle, une palette ou une pointe.

Les hameçons à boucle sont employés surtout aujourd'hui pour le montage des mouches artificielles.

Dans la pêche à la mouche, en effet, la ligne étant sans cesse en mouvement, la racine ne tarde pas à être usée à son point d'attache avec l'hameçon. Lorsqu'on employait, autrefois, des mouches artificielles montées sur hameçons à pointe, les mouches se vendaient tout empilées, c'est-à-dire munies d'une racine fixée au moyen de soie poissée. Par suite de son mouvement continuel de va-et-vient, la racine se trouvait bientôt usée, et la mouche devenait inutilisable. Avec l'hameçon à boucle, ou hameçon à œillet, au contraire, on peut remplacer facilement un bas de ligne qui commence à s'effilocher et que l'on craint de voir casser, ou changer une mouche qui ne réussit pas. Cet hameçon est donc un perfectionnement très important et est indispensable pour cette pêche.

Les hameçons à palette sont de beaucoup les plus employés dans la pêche ordinaire ou pêche au coup.

Dans ceux-ci, l'extrémité de la hampe forme une partie plate, ou palette, légèrement renversée en arrière, qui sert à maintenir l'empile et à l'empêcher de glisser.

Les hameçons à pointe se montent avec fil poissé. Ils sont avantageux en ce sens que la hampe ne présente aucune protubérance, ce

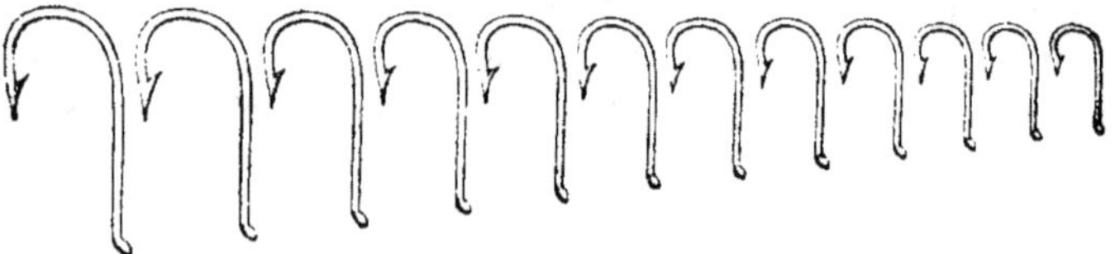

Fig. 4. — Hameçons à palette, ronds.

qui permet de faire remonter certaines esches, les vers de terre par exemple, aussi loin que l'on veut.

Ils sont, par contre, d'un empilage beaucoup plus difficile que les hameçons à palette, et cet inconvénient très sérieux ne compense pas leur léger avantage.

Les hameçons, quels qu'ils soient, sont de forme ronde (fig. 4) ou carrée. Les seconds sont généralement considérés comme plus prenants, et comme pénétrant mieux dans les chairs du poisson, cependant, les premiers ont également leurs partisans, surtout pour la pêche

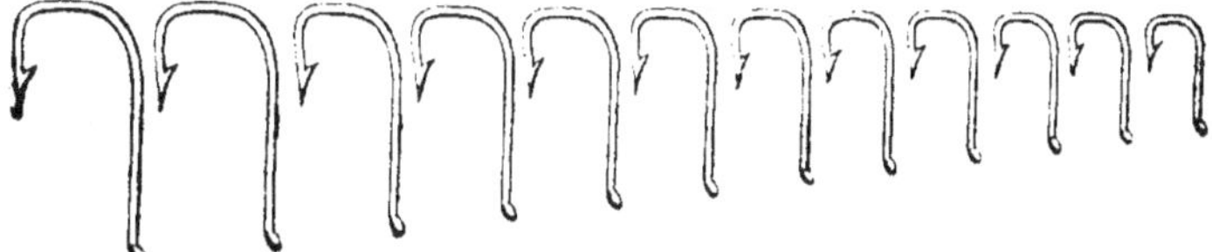

Fig. 5. — Hameçons à palette, carrés, renversés.

au ver de terre. Ils sont droits, c'est-à-dire que la pointe de l'hameçon
se trouve sur le plan vertical qui passe par l'axe de la hampe, ou renversés (fig. 5), lorsque, au contraire, la pointe se trouve rejetée à
droite ou à gauche de ce plan vertical. Ceux-ci sont de beaucoup pré

Fig. 6. — Hameçons doubles à bec de perroquet.

férables, bien qu'on éprouve une certaine
difficulté pour y fixer l'esche, parce qu'on
a plus de chances, en les employant, de
piquer le poisson.

Fig. 7. — Hameçon
triple à anneau.

Les hameçons peuvent être formés d'une
tige de section ronde, et c'est le cas le plus
fréquent, ou d'une tige d'acier écroui, c'est-
à-dire aplati dans le plan de l'hameçon, ce qui lui donne plus de solidité.
Enfin l'hameçon peut être à un seul ou à deux ardillons, ces derniers ne
permettant pas au poisson de se décrocher aussi facilement.

On compte généralement 20 numéros d'hameçons, du n° 1 au n° 20,
le n° 20 étant le plus fin. Cependant il existe encore les n°ˢ 1/0, 2/0, 3/0,
4/0, 5/0, ce dernier étant le plus gros de tous.

Indépendamment des hameçons ordinaires, on emploie des hameçons doubles (fig. 6), appelées communément bricoles, des hameçons triples (fig. 7), quadruples, quintuples et même sextuples. Ils sont
tous à anneau ou à pointe. Leur numérotage diffère de celui des ha

meçons simples, et diffère également suivant les fabricants, de sorte qu'il est impossible de donner des renseignements précis à cet égard. Ils servent pour la pêche des gros poissons ou le montage des tackles dont il sera question plus loin.

Enfin il existe encore des hameçons doubles à broches, avec ou sans ressort, employés spécialement pour la pêche du brochet. On les fixe

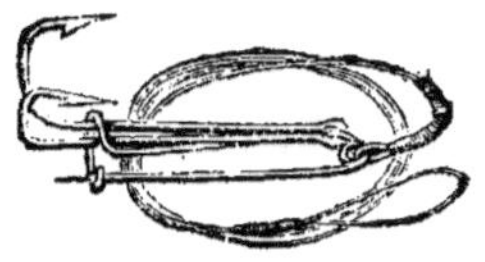

Fig. 8. — Hameçon à broche et à ressort (fermé).

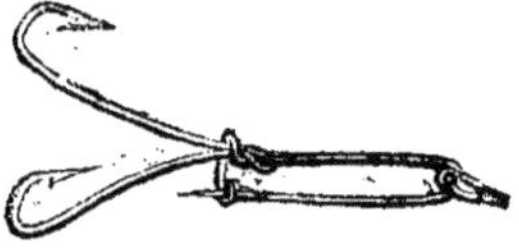

Fig. 9. — Hameçon à broche et à ressort (ouvert).

sur le corps du vif employé pour cette pêche au moyen d'une aiguille semblable à celle qui sert à fixer les broches au corsage des dames. Ils sont très volumineux et ne peuvent être employés avec quelques chances de succès que pour cette pêche (fig. 8, 9, 10).

L'hameçon plombé sert à la pêche du brochet avec un poisson mort.

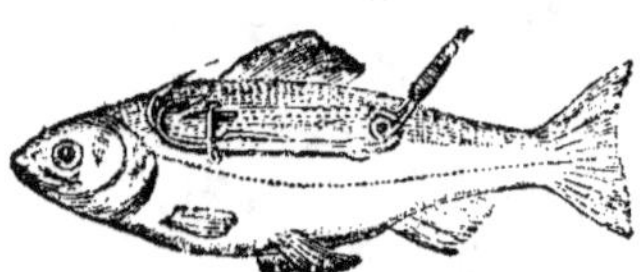

Fig. 10. — Hameçon à broche et à ressort (posé sur le poisson).

Il se compose d'un hameçon double ordinaire monté sur une tige de laiton recouverte d'un fuseau de plomb. On verra plus tard, à la pêche du brochet, comment on l'emploie.

Flotte.

La flotte, ainsi que son nom l'indique, est un engin qui flotte sur l'eau et soutient la partie immergée de la ligne. En la fixant plus ou moins haut, on peut pêcher à la profondeur que l'on désire, suivant le temps, le jour, l'heure et le poisson que l'on recherche.

Par elle, le pêcheur est au courant de ce qui se passe au fond de l'eau. Il est averti lorsque le poisson attaque et connaît le moment où il s'en va, après s'être emparé de l'*esche*, c'est-à-dire de l'appât fixé à l'hameçon.

Suivant les mouvements imprimés à la flotte, le pêcheur peut encore deviner, presque à coup sûr, lorsqu'il a un peu d'expérience, quel est le poisson qui mord. Cet engin est donc indispensable.

Les flottes peuvent se diviser en deux catégories : bouchons et plumes. Le bouchon, en principe, est un simple morceau de liège, ayant la forme d'une poire plus ou moins allongée, et dont les dimensions sont très variables. Les plus gros ne dépassent guère la grosseur d'un œuf de poule ; les plus petits, rarement employés, sont presque aussi fins qu'un petit pois.

Ils ne sont utilisés généralement que pour la pêche des poissons carnassiers, brochet et perche, et pour la pêche des gros poissons blancs. Cependant, dans les eaux profondes et rapides, on s'en sert avec succès pour la pêche du gardon, et, en général, de tous les poissons moyens.

Dans ce cas, on leur donne habituellement une forme très allongée. Ils sont alors montés le plus souvent sur une plume de porc-épic, terminée à la partie inférieure par un petit anneau formé d'un fil de cuivre fixé sur la plume au moyen d'une ligature de soie poissée, et munie, au-dessus du liège, d'un coulant ligaturé qui permet de fixer le bouchon sur la ligne.

Presque tous les bouchons de qualité supérieure se fixent de cette façon. Quelquefois, cependant, le liège étant percé dans le sens de son plus grand axe, on introduit à force, dans ce trou, la partie creuse d'une plume d'oie, on y passe la ligne et on la fixe au moyen d'une cheville formée d'un morceau, plein, celui-ci, de plume d'oie ou d'une fine tige de bois.

En principe, plus un bouchon est allongé, meilleur il est. Cette règle ne souffre d'exception, et encore, que pour ceux qui sont destinés à pê-cher le brochet dans les grands fonds.

Les bouchons, quels qu'ils soient, sont généralement peints en deux couleurs. Le rouge vif, pour la partie supérieure, est excellent parce qu'il est très visible de loin. Les teintes neutres, au contraire, gris, vert d'eau, etc., sont préférables pour la partie inférieure, qui plonge dans l'eau.

On a inventé quelques systèmes de bouchons qui peuvent se fixer à la ligne et en être retirés très facilement, et sans qu'il soit besoin de détacher le bas de ligne ou la bannière. Lorsqu'ils sont établis soigneusement, ces bouchons sont excellents et très pratiques.

Pour la pêche du moyen et du petit poisson, en eau calme et d'une profondeur ordinaire, on préfère généralement la plume au bouchon. Personnellement, dans ce cas, je la trouve très supérieure, parce qu'elle est moins visible et plus sensible aux touches du poisson.

La plume est formée d'une simple plume d'oie redressée, coupée un peu au-dessous de la partie creuse; le haut est habituellement peint en rouge. Deux coulants, coupés dans une autre plume, permettent de la fixer sur la ligne. Il est bon que ces coulants soient ligaturés au moyen d'un fil fin de soie poissée. Elles portent suffisamment de plomb, mais ne sont pas très sensibles.

On en fait aussi qui sont formés d'une simple plume de porc-épic. Elles sont très sensibles à cause de leur extrémité pointue, mais ne peuvent porter beaucoup de plomb.

Enfin, on emploie quelquefois des plumes composées, à la partie inférieure, d'un morceau de plume de porc-épic, muni d'un anneau formé d'un fil de cuivre ligaturé, et, à la partie supérieure, d'un fragment de plume d'oie.

La plume de porc-épic entre à frottement doux dans la plume d'oie, et une ligature solide empêche les deux parties de se séparer. Celles-ci sont très sensibles, à cause de l'extrémité pointue du porc-épic, et elles portent suffisamment de plomb, grâce à la partie supérieure, en plume d'oie, qui est creuse. Elles présentent donc, sans aucun de leurs inconvénients, les avantages réunis des plumes d'oie et de porc-épic. Aussi sont-elles très recommandables et parfaites à tous les points de vue. On en fait de plusieurs dimensions.

On en fabrique encore une foule d'autres modèles, tous plus ou moins ingénieux, et particulièrement des flotteurs détachables qu'on place instantanément sur la ligne à l'endroit voulu, et sans rien démonter (fig. 11). Ils ne présentent pas d'avantages sensibles sur ceux qui ont été décrits ci-dessus et qui peuvent convenir dans tous les cas.

Fig. 11.

Les plumes et bouchons doivent toujours équilibrer la partie de la ligne qui est immergée, celle-ci étant munie de ses plombs, de l'hameçon et de l'esche employée. Il faut donc que la plombée, c'est-à-dire l'ensemble des plombs qui entraînent la ligne à fond, soit calculée de manière que, la ligne étant à l'eau sans qu'aucun plomb touche à terre, la plume soit bien verticale, et que sa partie supérieure ne dépasse la surface de l'eau que d'un centimètre ou de deux au plus. Il en sera de même du bouchon dont la partie supérieure seulement, peinte en rouge, devra dépasser la surface de l'eau. C'est là une condition indispensable pour que la flotte soit sensible et montre immédiatement, par ses oscillations ou sa plongée, la moindre touche du poisson.

Plombs.

Les plombs employés pour équilibrer la flotte sont ordinairement des plombs de chasse, plus ou moins gros, fendus profondément, qu'on fixe à la ligne en introduisant celle-ci dans la fente et en serrant

Fig. 12.

ensuite au moyen d'une pince ou avec les dents. Pour les lignes destinées à la pêche du gardon et des poissons moyens, les plombs les plus

Fig. 13.

fins, n⁰ˢ 8 ou 9 de Paris, sont les meilleurs pour mettre à l'extrémité inférieure du bas de ligne, près de l'hameçon. On placera le premier à 35 centimètres environ de celui-ci.

Les autres seront fixés, en remontant, à une distance plus ou moins grande suivant le nombre de plombs nécessaires et la longueur du bas de ligne. A mesure qu'on s'éloigne de l'hameçon, on peut employer des plombs de plus en plus gros, mais il faut éviter, autant que possible, de trop les rapprocher, afin que la charge soit très divisée et

Fig. 14.

fasse moins de bruit en frappant la surface du liquide, lorsque la ligne est jetée à l'eau.

Les lignes à brochet sont souvent munies, pour équilibrer le bouchon, d'un seul plomb plus ou moins gros, suivant la taille dudit bouchon. Ce plomb, qui est quelquefois rond, ou, le plus souvent, allongé

Fig. 15.

en forme d'olive (fig. 12), est généralement percé d'un trou où l'on fait passer la ligne, sur laquelle il peut alors glisser à volonté. D'autres, très pratiques, sont munis à leurs extrémités d'anneaux ou d'émerillons (fig. 13) ou, comme les bouchons décrits précédemment peuvent

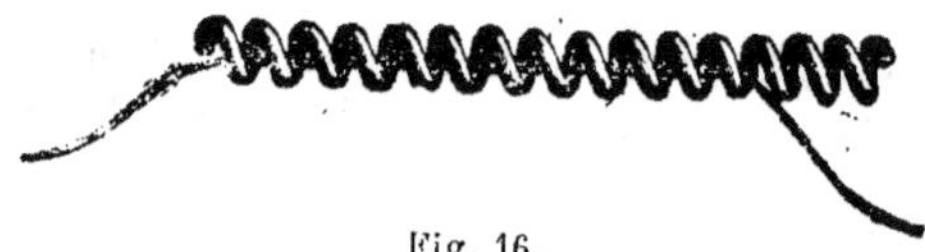

Fig. 16.

se placer à volonté à n'importe quel endroit de la ligne (fig. 14 et 15) et se recourber pour empêcher le vrillage de cette ligne.

On emploie encore quelquefois, pour plomber les lignes à brochet, une sorte de ficelle de plomb qu'on enroule autour de la ligne (fig. 16) et à laquelle on donne la longueur nécessaire pour bien équilibrer le bouchon.

Émerillons.

Lorsqu'on pêche, au vif, certains poissons carnassiers, tels que le brochet, la perche, la truite, le saumon et même l'anguille, le poisson vivant qui sert d'appât, en se débattant pour chercher à s'enfuir, finirait par faire vriller la ligne et par l'emmêler. Lorsqu'on emploie, pour la pêche des mêmes carnassiers, des appâts artificiels : poissons d'étain ou poissons artificiels de toutes sortes, tackles amorcés d'un poisson mort, cuillers, etc., tous engins qui doivent tourner dans l'eau pour attirer lesdits carnassiers, le même vrillage se reproduirait fatalement, malgré le dispositif spécial qui permet à ces engins de tourner seuls, si l'on ne munissait la ligne d'un ou de plusieurs émerillons.

L'émerillon est formé d'une pièce de métal allongée et aplatie, creusée d'une ouverture à l'intérieur et de deux trous percés dans le sens

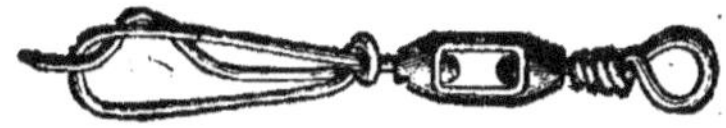

Fig. 17.

de son plus grand axe. Dans ces trous passent deux fils de cuivre ou d'acier, dont une extrémité, à l'intérieur de l'ouverture, est rivée, pour que le fil ne puisse s'échapper, et dont l'autre extrémité est contournée, formant une sorte de boucle dans laquelle on attache, d'un côté, le bas de ligne et, de l'autre côté, l'extrémité inférieure du corps de ligne. Les fils de cuivre ou d'acier étant d'un diamètre plus petit que le diamètre des trous dans lesquels ils passent, peuvent y tourner librement et le vrillage est évité.

Certains pêcheurs munissent d'un émerillon toutes leurs lignes, même les plus fines. Aussi en existe-t-il un grand nombre de tailles, une quinzaine environ. On en compte également beaucoup de systèmes, plus ou moins perfectionnés, dans lesquels une des boucles — ou même les deux — est remplacée par un fermoir (fig. 17) qui permet d'y accrocher plus rapidement la ligne. C'est là une amélioration très importante.

Plioirs.

Maintenant que nous avons passé en revue la ligne et toutes les pièces qui la composent, le moment est venu de parler du *plioir*, qui, comme son nom l'indique, sert à plier la ligne, de manière qu'elle ne s'emmêle pas et qu'elle soit facilement transportable.

Le plus simple, et le plus incommode d'ailleurs, est formé d'une planchette plate, évidée aux deux extrémités, et sur les côtés de laquelle ont été pratiquées des encoches. On y enroule la ligne en commençant par la partie inférieure, et l'on fixe la partie supérieure en l'introduisant dans l'une des encoches.

Ces plioirs sont peu pratiques, et cela pour deux raisons. Tout d'abord, l'hameçon, les plombs et la flotte font saillie sur la planchette et s'accrochent partout. D'un autre côté, la ligne, fixée sur ces planchettes, dont les angles des extrémités sont plus ou moins aigus, ne tarde pas à se couper, à s'effilocher, et casse au bout de peu de temps. On peut remédier en partie à ce second inconvénient, en garnissant les deux extrémités de la planchette d'une feuille de caoutchouc collée avec un peu de cette dissolution qu'emploient les cyclistes ; mais le premier n'en subsiste pas moins tout entier.

Aussi est-il de beaucoup préférable de se servir, pour enrouler les lignes, d'un dévidoir qui peut être simple, double, triple ou même quadruple, formé de deux, trois, quatre ou cinq planchettes disposées parallèlement à une petite distance l'une de l'autre. Aux deux extrémités de ces planchettes, la ligne s'enroule sur un petit galet en os poli, de forme ronde, qui ne coupe ni la racine, ni la soie. Au milieu de ces planchettes, et les traversant toutes, se trouve une petite tige de fer à laquelle on accroche l'hameçon, qui se trouve ainsi logé à l'intérieur de la ligne, et ne peut s'accrocher ni être émoussé. La flotte elle-même, logée entre deux planchettes, ne fait aucune saillie et se trouve protégée. Ces dévidoirs sont donc très commodes, et lorsqu'ils sont triples ou quadruples, ils permettent d'emporter, sans aucune gêne, trois ou quatre lignes différentes qui peuvent servir suivant la pêche qu'on veut pratiquer. On ne saurait donc trop les recommander.

Épuisette.

Lorsque le poisson qui a mordu est trop gros pour être enlevé *d'autorité*, — suivant l'expression consacrée — c'est-à-dire directement
avec la ligne, il est nécessaire d'avoir recours à l'*épuisette*.

L'épuisette est ordinairement formée d'un gros fil de fer recourbé en
forme de cercle, et dont les deux bouts sont enfoncés à l'extrémité d'un

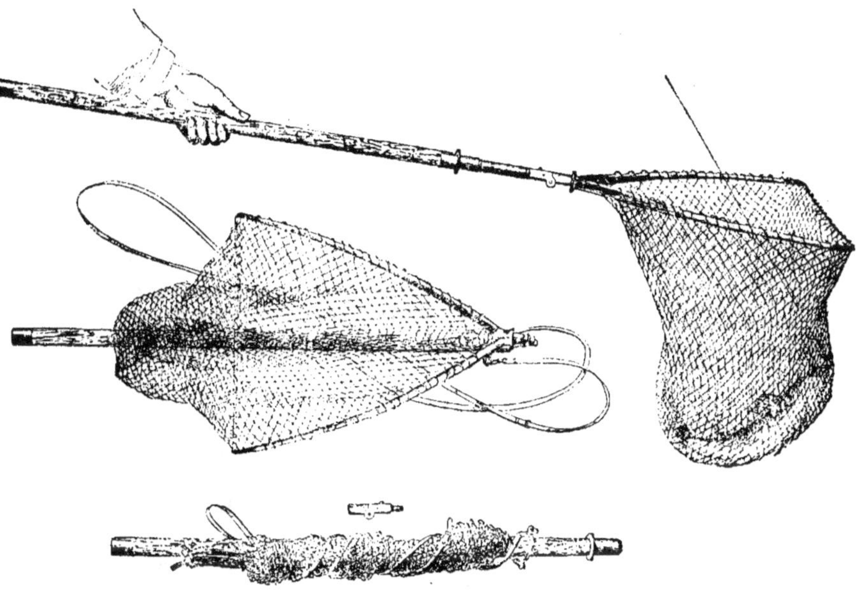

Fig. 18. — Epuisette démontable.

manche de roseau ou de bambou d'un mètre cinquante environ de
longueur, muni d'une virole à cette extrémité. Ce cercle soutient un
filet en forme de poche profonde, dans lequel on amène le poisson captif au bout de la ligne pour le retirer de l'eau.

On fabrique couramment d'autres modèles d'épuisettes dont la forme
diffère un peu de celle qui vient d'être décrite. Dans celles-ci, quelquefois, le cercle de fil de fer est remplacé par deux lames d'acier, démontables à volonté, qui s'emboîtent l'une dans l'autre et ont alors la forme

d'une ellipse. D'autres fois, au moyen de charnières, le cercle peut se plier en deux ou en quatre.

Il existe encore des épuisettes composées de deux lames d'acier ou de bois (fig. 18), démontables, qui se vissent à l'extrémité du manche en formant une sorte de fourche. Leurs deux extrémités sont reliées au moyen d'un fort cordon de cuir ou d'un fil d'acier câblé. Le filet est alors soutenu par les deux bras de la fourche et le fil qui les réunit, son ouverture étant triangulaire. Tous ces systèmes, qui sont démontables et par suite beaucoup plus faciles à transporter, sont évidemment plus pratiques que le modèle ordinaire. On les complète quelquefois en les munissant d'un manche pliant au moyen d'une charnière ou télescopique, c'est-à-dire formé de deux ou trois parties rentrant l'une dans l'autre, à la façon d'une lunette d'approche.

Sondes.

Pour bien pêcher, il est indispensable de connaître exactement la profondeur du cours d'eau ou de l'étang à l'endroit où l'on pêche. On y parvient au moyen de la *sonde*, petite masse de plomb terminée à la partie supérieure par un anneau, et qui porte à sa partie inférieure une bande de liège fixée dans le plomb (fig. 19-20). On passe l'hameçon

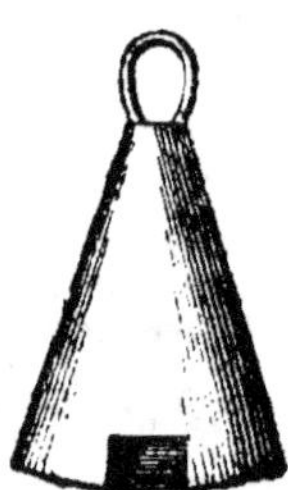

Fig. 19.   Fig. 20.   Fig. 21.

dans l'anneau et on le pique dans le liège. Attachant alors la ligne à l'extrémité de la canne montée, on laisse descendre la sonde dans l'eau. Lorsqu'elle arrive au fond, ce que l'on reconnaît facilement parce qu'à ce moment la ligne est lâche au lieu d'être tendue, on examine la position de la flotte et, après avoir retiré la ligne de l'eau, on remonte ou on descend cette flotte, suivant qu'elle était au-dessus ou au-dessous de la surface de l'eau. Après quelques tâtonnements, on arrive à la placer de telle façon que la sonde, et par conséquent l'hameçon, étant à fond, la flotte soit immergée presque tout entière. On a ainsi la profondeur exacte. Suivant qu'on veut pêcher juste à fond, traîner l'hameçon ou pêcher entre deux eaux, on laisse la plume où elle est, on la remonte pour augmenter la partie de la ligne qui est dans l'eau ou on la baisse pour pêcher plus ou moins haut.

La sonde est quelquefois constituée par une simple lame de plomb qu'on enroule sur le bas de ligne (fig. 21).

Dégorgeoir.

Le *dégorgeoir* (fig. 22), tige fine d'acier terminée par une sorte de petite fourche, est très utile pour retirer les hameçons trop enfoncés dans les chairs du poisson. On introduit cette petite fourche dans la

Fig. 22.

bouche du poisson, on l'appuie sur la partie recourbée de l'hameçon pour le faire ressortir des chairs où il est piqué, et on tire celui-ci avec précaution pour qu'il ne s'accroche pas de nouveau et pour éviter de casser le bas de la ligne.

Aiguilles à amorcer.

L'*aiguille à amorcer* (fig. 23), formée elle aussi d'une tige d'acier dont une extrémité est très pointue et dont l'autre se termine par une sorte de boucle à ressort dans laquelle on accroche le fil de l'empile,

Fig. 23.

est indispensable, lorsqu'on pêche au vif, pour fixer ce vif à l'hameçon. On verra plus tard, lorsqu'il sera question de la pêche du brochet, comment on se sert de ce petit instrument.

Pinces, ciseaux, anneau à décrocher.

Les *pinces* (fig. 24), sont très utiles pour serrer sur la ligne les plombs fendus qui doivent l'équilibrer. Elles sont munies quelquefois d'une sorte de lame coupante qui permet de fendre ces plombs.

Les *ciseaux* sont également bien à leur place dans la sacoche du pêcheur. Ils servent à couper les bouts de crin, de racine ou de soie, et, quelquefois, les nageoires du poisson mort qui va servir d'appât. Ces ciseaux, souvent, ont une forme telle qu'ils peuvent servir de dégorgeoir.

L'*anneau à décrocher* (fig. 25), sorte de gros anneau muni de trois, quatre, six, ou huit fortes dents recourbées, qui peut être à charnière

Fig. 24.   Fig. 25.

pour s'ouvrir et passer par-dessus le moulinet, quand la canne en est munie, sert à décrocher les lignes lorsque l'hameçon, retenu au fond de l'eau par une herbe ou une branche, ne peut être dégagé en tirant sur la ligne. On fait alors passer la canne dans cet anneau, accroché à une longue et solide ficelle, on le fait glisser ensuite tout le long de la ligne, jusqu'à l'extrémité. Les dents pointues dont il est muni accrochent l'obstacle qui retenait l'hameçon, et, en tirant sur la ficelle, on le ramène, avec l'herbe ou la branche auxquelles il était attaché. On n'a plus alors qu'à le décrocher avant de rejeter la ligne à l'eau.

Gaffe.

La *gaffe* (fig. 26 et 27) est une sorte de gros crochet dont la pointe est
très acérée, qui se visse à l'extrémité d'un manche et qui sert à retirer

Fig. 26.

de l'eau les poissons trop grands ou trop lourds pour qu'on puisse les
sortir avec l'épuisette. Elle n'est guère employée que par les pêcheurs
de saumon ou de gros brochets.

Fig. 27.

Sac ou panier à poissons, filet, bourriche.

Le *sac à poissons* (fig. 28), en cuir ou toile tannée, est ordinairement garni de caoutchouc à l'intérieur. Il se porte en bandoulière et

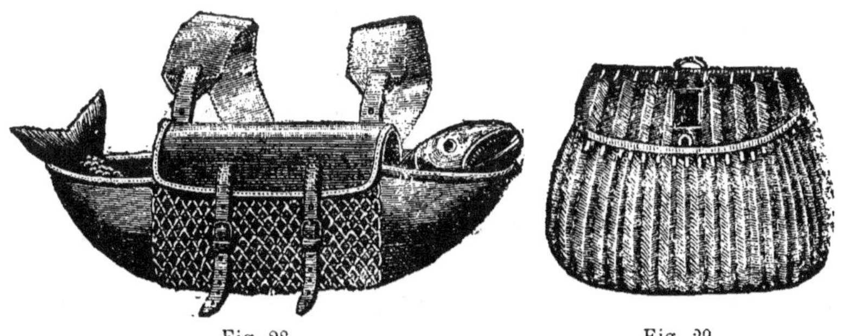

Fig. 28.   Fig. 29.

est employé surtout par ceux qui pratiquent la pêche dite active, à la
mouche ou au poisson tournant.

Il permet d'emporter les poissons capturés sans en être trop embarrassé. Il est quelquefois remplacé par un panier d'osier (fig. 29), de forme particulière, qui s'adapte bien au corps et est également porté en sautoir.

Les pêcheurs sédentaires, qui pratiquent la pêche au coup, se servent plus habituellement d'un filet ordinaire, ayant la forme d'une poche (fig. 30) ou d'un filet dit *bourriche* (fig. 31) qui est beaucoup plus pratique.

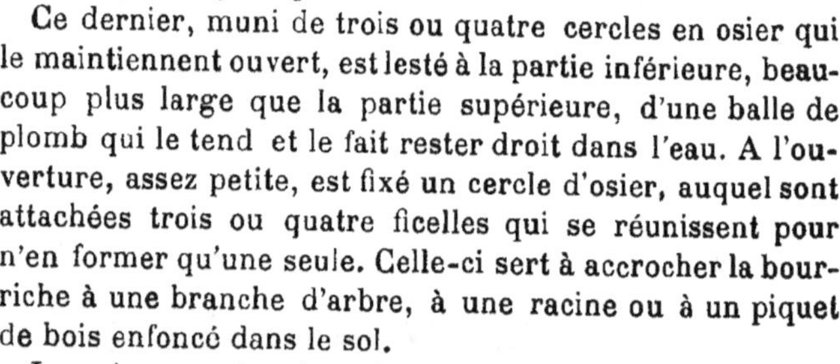

Ce dernier, muni de trois ou quatre cercles en osier qui le maintiennent ouvert, est lesté à la partie inférieure, beaucoup plus large que la partie supérieure, d'une balle de plomb qui le tend et le fait rester droit dans l'eau. A l'ouverture, assez petite, est fixé un cercle d'osier, auquel sont attachées trois ou quatre ficelles qui se réunissent pour n'en former qu'une seule. Celle-ci sert à accrocher la bourriche à une branche d'arbre, à une racine ou à un piquet de bois enfoncé dans le sol.

Le poisson qu'on introduit aussitôt pris dans cette bourriche y évolue librement et s'y conserve vivant fort longtemps.

Fig. 30.

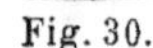

Il peut ainsi être emporté tout frais. Malheureusement il convient d'ajouter que, lorsque de gros poissons sont enfermés dans une bourriche plongée dans l'eau, ils cherchent par tous les moyens à s'évader, donnent de formidables coups de queue, et, à la longue, finissent par mettre en fuite leurs camarades encore en liberté ; dans ce cas, il est prudent de retirer la bourriche de l'eau et de la suspendre, à l'ombre, à une branche d'arbre.

Fig. 31.

Les pêcheurs au coup remplacent quelquefois la bourriche par un panier de pêche, très solide, qu'on porte sur le dos au moyen de bretelles et qui peut servir de siège. Il est assez peu employé.

Mouches, portefeuilles.

Les pêcheurs *à la mouche*, qui ont surtout en vue la capture de la truite et du saumon, trouveraient difficilement au bord de l'eau les mouches qui conviennent pour cette pêche et pourraient plus difficilement encore les capturer.

Aussi a-t-on été amené à imiter, au moyen de plumes de toutes sortes, de laines ou de soies diversement colorées et de fils d'or ou d'argent (fig. 32, 33, 34, 35, 36), les insectes qui vivent communément à la surface de l'eau et servent de nourriture aux poissons ci-dessus. Certains fabricants ont ainsi en magasin des centaines de modèles de mouches de toutes tailles et de toutes couleurs, qui répondent à tous les besoins, et quelques amateurs en possèdent des collections remarquables. La seule énumération de ces espèces de mouches nous entraînerait trop loin pour qu'elle puisse être tentée ici.

Elles sont habituellement montées sur hameçons à œillet, ce qui permet de les placer et de les retirer facilement.

Fig. 32. — Mouche à corps liège ou paille (mouche de mai).

Fig. 33. — Mouche artificielle à hélice.

On les conserve dans des *portefeuilles* spéciaux, disposés de manière à en loger facilement un grand nombre, ou dans des boîtes de métal

Fig. 34. — Mouche à saumon.

émaillées et divisées en petits compartiments (fig. 37). Chaque fabricant a ses modèles de mouches, de portefeuilles et de boîtes à mou-

Fig. 35. — Mouche à corps liège, caoutchouc ou paille (mouche de mai).

Fig. 36. — Mouche-araignée pour chevesnes.

ches, et on ne saurait mieux faire, pour étudier cette question, que de se procurer leurs catalogues et de comparer ces différents modèles.

Appâts artificiels.

De même qu'on fabrique des mouches artificielles, dont quelques-unes imitent complètement la nature, on a voulu également mettre en vente *des insectes artificiels*, vers de terre (fig. 38), crevettes (fig. 39), han-

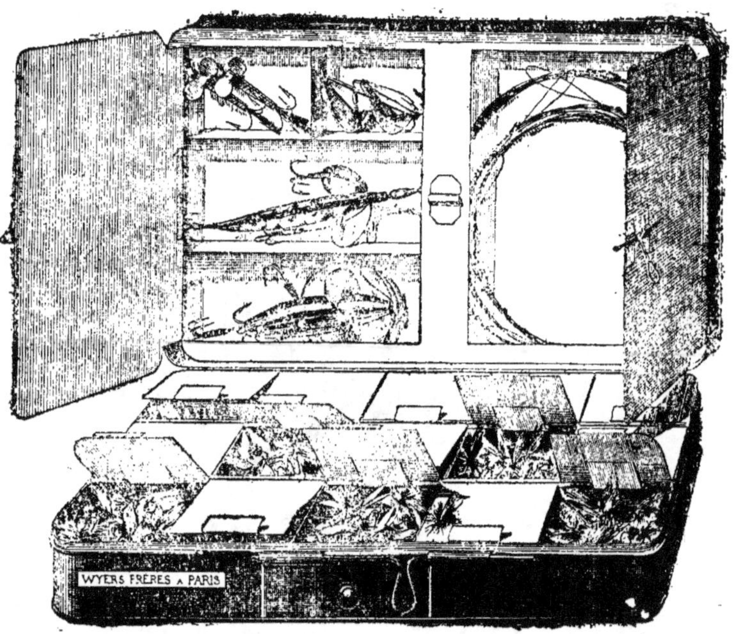

Fig. 37. — Boite à mouches et à poissons artificiels.

netons, asticots, etc., etc. On emploie généralement pour cela le caoutchouc mou ou le liège.

Mais, à l'encontre des mouches artificielles qui, lorsqu'elles sont bien faites et lancées habilement, permettent de prendre beaucoup de truites, de saumons et de chevesnes, les insectes ne sont, en général, pas bien dangereux pour la gent poissonnière qui se rit de ces imitations, si habiles soient-elles, et ne s'y laisse guère prendre.

Il est facile de comprendre, en effet, qu'il en est autrement de la mouche artificielle, toujours en mouvement, et qui est quelquefois saisie par le poisson avant même qu'elle ait touché l'eau, et de l'insecte

artificiel, qui flotte au sein du liquide et que le poisson peut examiner et
sentir tout à son aise.

« Ce bloc inanimé ne me dit rien qui vaille », pense-t-il sans doute,
et, tranquillement, il s'en va loin de là chercher quelque autre proie,
vivante celle-ci, qui lui inspire plus de confiance.

Fig. 38. — Ver de terre artificiel.

Il n'en est plus de même des poissons artificiels employés pour la
pêche des carnassiers. Le plus simple de tous est le poisson d'étain
(fig. 40) qui est souvent très meurtrier. Les autres sont plus compliqués.
Au moyen d'une hélice placée à leur tête, on peut leur imprimer un

Fig. 39. — Crevette artificielle.

mouvement de rotation très rapide qui leur donne une apparence de
vie et empêche les poissons, très voraces et assez peu méfiants, qui les
convoitent, de les examiner de trop près.

Ils sont, d'ailleurs, revêtus pour la plupart de couleurs voyantes, et,

Fig. 40.

au milieu des eaux rapides, brillent au soleil de mille feux. Aussi les
poissons carnassiers, truites, saumons, brochets, perches, se laissent
souvent fasciner par ces leurres et se jettent dessus avec empressement. Ils ne tardent pas, d'ailleurs, à être détrompés, car ces poissons
artificiels sont toujours munis de grappes d'hameçons triples qui ont
bientôt fait de s'implanter dans la gueule du gourmand ; celui-ci, en

essayant de s'enfuir et en luttant, s'enferre lui-même de plus en plus profondément.

Ces engins sont donc excellents, et ont permis nombre de captures.

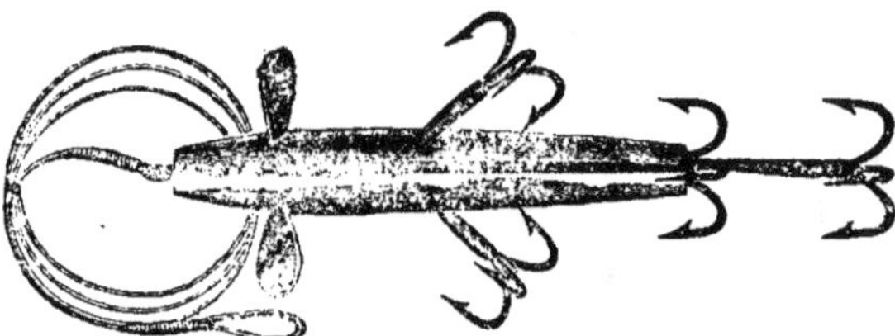

Fig. 41. — Devon léger.

Quelques-uns d'entre eux sont très renommés et employés par tous ceux qui pratiquent cette pêche.

Les plus connus sont les Devon (fig. 41 et 42), tout en métal, et leurs nombreuses imitations, et les poissons articulés, également en métal,

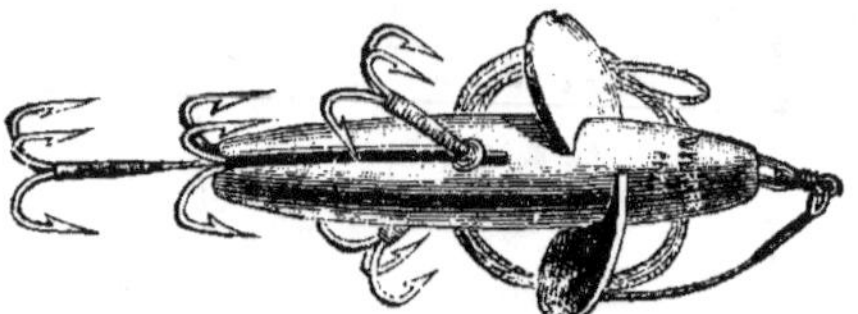

Fig. 42. — Devon lourd.

dorés ou argentés. Les poissons en gutta-percha, dits calédoniens (fig. 43), et ceux en soie ou peau peintes, dits fantômes (fig. 44), sont fort souples tous deux, ils tournent très vite dans l'eau et imitent suffi-

Fig. 43. — Poisson artificiel en gutta-percha.

samment le menu fretin pour attirer les poissons carnassiers. Il en existe d'ailleurs une foule d'autres variétés.

Les tackles ou montures ressemblent aux poissons artificiels parce qu'ils sont munis, comme eux, de grappes d'hameçons triples de grande dimension. Ils en diffèrent en ce sens qu'ils sont disposés pour recevoir un poisson naturel mort auquel une hélice imprime, comme aux poissons artificiels, un mouvement rapide de rotation.

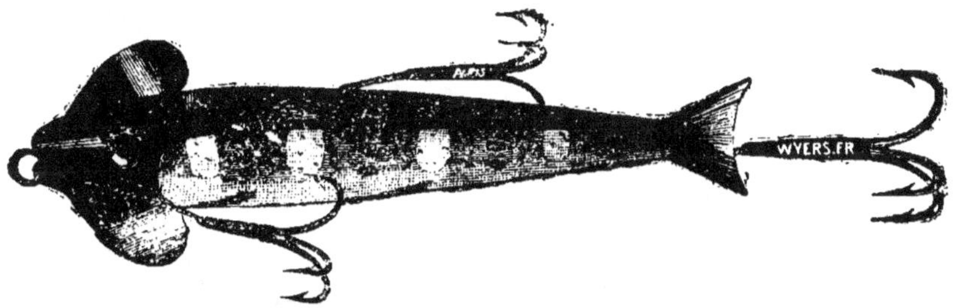

Fig. 44. — Poisson artificiel en soie préparée.

Il existe un grand nombre de modèles de tackles, et tous les pêcheurs un peu célèbres en ont inventé un, auquel ils ont donné leur nom. Ils se composent, en principe, d'une tige longue et pointue, qu'on enfonce dans le corps du poisson. De chaque côté de la tête, deux

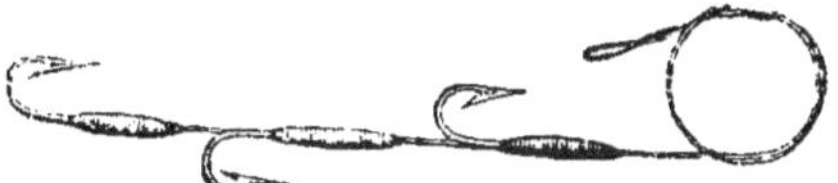

Fig. 45. — Monture pour vers de terre (non eschée).

ailettes disposées en hélices le font tourner plus ou moins vite, suivant la force du courant et le mouvement qu'on imprime à la ligne.

Un système quelconque retient le poisson sur la tige et des grappes d'hameçons sont disposées autour de son corps.

Fig. 46. — Monture pour vers de terre (eschée).

Chaque modèle de tackle se fait en plusieurs tailles, de façon à pouvoir s'adapter à la grandeur du poisson mort que l'on emploie et de celui qu'on désire capturer.

Faire connaître le meilleur des tackles serait très difficile. Chacun d'eux a ses avantages et ses inconvénients, de même qu'il a ses partisans et ses détracteurs. Au pêcheur de les essayer et de conclure après examen.

Il s'établit également certaines montures, formées de plusieurs hameçons placés l'un près de l'autre sur une même empile, qui servent à escher les vers de terre et sont employés pour la capture des truites et perches. Elles sont généralement très appréciées (fig. 45 et 46).

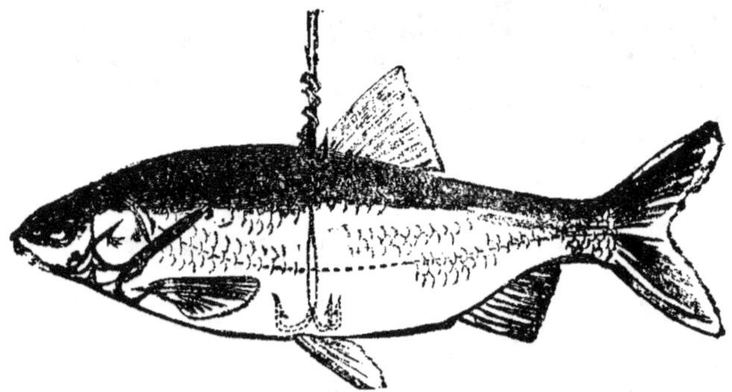

Fig. 47. — Tackle à vif monté.

On fabrique encore des tackles à vif munis de plusieurs hameçons auxquels on attache le poisson vivant qui sert d'appât pour la pêche des poissons carnassiers et particulièrement du brochet. Il en existe plusieurs modèles. On verra au chapitre : *Pêche au vif*, comment on les emploie.

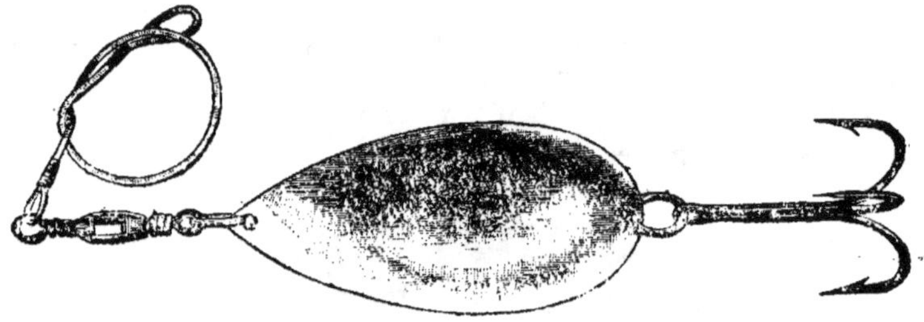

Fig. 48. — Cuiller.

On utilise aussi, pour la pêche des poissons carnassiers, un engin appelé cuiller (fig. 48), qui donne souvent de fort bons résultats. Il est composé d'une pièce de métal ayant plus ou moins la forme d'une petite cuiller dont on aurait supprimé le manche. A la partie la plus pointue, au moyen d'un émerillon, est fixée une empile ordinairement

formée de corde à guitare. A l'autre extrémité est attaché un gros hameçon triple, muni quelquefois d'une touffe de laines ou de plumes de
couleurs variées. Ces cuillers se font quelquefois en nacre, plus ordinairement en métal et sont souvent dorées d'un côté et argentées de
l'autre. Leur forme est plus ou moins allongée.

Enfin, il existe encore des hélices mouches, composées d'une touffe
de plumes, plombée à l'intérieur et munie d'une hélice, qui donnent
souvent d'excellents résultats.

Trousses, sacoches.

La *trousse de pêche* qui, ainsi que son nom l'indique, renferme sous
un petit volume tous les accessoires indispensables au pêcheur à la ligne,
est très commode et très portative. Elle est faite ordinairement en peau,
se roule, s'attache et peut se porter dans la poche ou en sautoir.

Elle est souvent remplacée par la *sacoche de pêche* (fig. 49), sorte de
sac en toile, cuir ou caoutchouc, comprenant plusieurs compartiments

Fig. 49. — Sacoche de pêcheur.

et pouvant se porter en sautoir au moyen d'une banderole. Entre la
trousse et la sacoche, le pêcheur n'aura que l'embarras du choix, mais
il fera sagement de se munir de l'un quelconque de ces deux accessoires
dont on ne peut guère se passer.

Ici se termine l'étude du matériel destiné à la pêche à la ligne. Si tous
les engins qui viennent d'être passés en revue ne sont pas indispensables, aucun n'est inutile. Au lecteur de choisir, suivant ses moyens et
les pêches qu'il veut pratiquer, ce qui lui paraîtra répondre le mieux à
ses besoins.

Habillement du pêcheur.

De même que le chasseur, le pêcheur doit faire choix de vêtements s'adaptant aussi bien que possible aux conditions dans lesquelles il se livre à son sport favori.

Le linge de corps, de préférence, devra être en laine. Pour le caleçon, le gilet de flanelle, la chemise, les bas ou chaussettes, nous serons donc, encore une fois, tributaires de la bonne et douce brebis.

C'est là le point le plus important. Sur son linge de laine, le pêcheur endossera ce qui lui conviendra le mieux, pantalon et veston de toile pour l'été, de laine encore pour l'hiver. Il pourra utilement, sous le veston de laine, et lorsque le temps est rude, porter un gilet dit de chasse, en laine tricotée, qui est chaud et souple, ou un maillot de cycliste.

Le vêtement variera d'ailleurs suivant le genre de pêche que l'on pratique. Le pêcheur au coup, du bord ou en bateau, qui ne fait que peu de mouvements, devra évidemment se couvrir plus chaudement que son confrère qui se livre à la pêche active. Celui-ci, en toute saison, portera des vêtements assez légers pour ne pas provoquer une sudation exagérée.

Il est bon de se souvenir, particulièrement lorsqu'on pêche au coup, que les matinées et les soirées sont souvent froides au bord de l'eau, et il sera utile d'avoir un vêtement supplémentaire qu'on endossera le matin et le soir et que l'on retirera au milieu du jour.

La chaussure a une grande importance. Elle devra être aussi imperméable que possible, particulièrement en automne, en hiver et au printemps ; toutes les fois qu'il le pourra, le pêcheur au coup, pendant les saisons froides, devra donc porter des chaussons fourrés et de bonnes galoches de bois, qui préservent admirablement de l'humidité et conservent le pied chaud.

Le pêcheur en bateau, afin d'amortir le bruit que feraient des galoches sur le plancher de son embarcation, pourra en garnir le dessous de liège, de corde tressée, de cuir ou de feutre.

Pour la pêche active, pêche à la mouche ou au poisson tournant, le pêcheur portera des bottes imperméables, ou, encore, des bas en caoutchouc, qui permettent d'entrer dans l'eau, et par-dessus lesquels on chausse des souliers à semelles de caoutchouc, qui glissent moins sur les pierres du fond.

La coiffure a aussi son importance. Le pêcheur au coup, qui doit res-

ter longtemps immobile, au plein soleil quelquefois, ornera son chef
d'un chapeau de paille ou de jonc à larges bords. Le pêcheur à la
mouche pourra porter en été une casquette légère, à large visière,
verte en dessous ; et couvre-nuque, ou le casque colonial. En hiver, une
chaude casquette de laine, à oreillettes se repliant sur le dessus de la
tête en temps ordinaire et pouvant, à volonté, se rabattre et s'attacher
sous le menton, en garantissant les joues et le derrière de la tête, sera
précieuse pour tous les genres de pêche.

En hiver, un peu de coton dans les oreilles vous garantira des névral-
gies, et une légère couche de glycérine ou de vaseline sur le nez, les
lèvres et les oreilles vous évitera les crevasses. Vous seriez peut-être
mal venu, dans cet appareil, à présenter vos hommages à quelque gente
demoiselle, mais, ainsi équipé, vous pourrez affronter les rigueurs de
l'hiver sans rien perdre de vos séductions naturelles, qu'un nettoyage
consciencieux vous rendra immédiatement.

Quelle que soit la pêche que l'on pratique, lorsque le temps est incer-
tain, il est bon de se munir d'un veston ou d'une pèlerine en caoutchouc. Ces vêtements, pliés ou roulés, pourront se porter dans le panier, dans la sacoche ou en sautoir. Ils seront très appréciés en cas de
pluie.

Enfin, pour la préparation des boulettes de terre ou autres cuisines
chères au pêcheur, vous utiliserez de vieux gants de peau qui protége-
ront vos mains et leur éviteront le contact d'un tas de choses malpropres ou mal odorantes qui finiraient par les crevasser et leur donner une
couleur terreuse. Après la préparation de votre amorçage, vous pourrez, sans retirer ces gants, les laver à grande eau et vous en débarrasser
ensuite pour les mettre sécher à l'ombre. On peut également employer
pour cet usage des gants en caoutchouc.

De bons gants fourrés seront très utiles l'hiver pour tenir la canne.

Une éponge attachée au bout d'une ficelle, pour prendre de l'eau du
haut d'une berge élevée, un savon et une petite serviette, qu'on pourra
loger dans la sacoche, permettront de se laver les mains en cas de
besoin.

Hygiène du pêcheur.

Le pêcheur, qui doit souvent se lever avec l'aurore, doit être un
homme vertueux. Cela ne veut pas dire, heureusement, qu'il lui faut
renoncer définitivement à toutes les joies de la vie : plaisirs de l'amour
et de la table, en particulier.

Mais il ne doit pas abuser de toutes ces bonnes choses. La veille d'une journée de pêche il est préférable de se coucher tôt et de ne pas faire d'excès de table ou de boissons, afin que le sommeil soit calme, réparateur et suffisamment prolongé.

Il est d'une extrême importance également de ne jamais se rendre le matin à jeun au bord de l'eau. C'est là le point de départ d'une foule d'indispositions et même de maladies.

Il est non moins indispensable, surtout dans la saison froide, de prendre avant de partir quelque chose de chaud, de la soupe par exemple, ou du chocolat, du café, du thé, avec quelques rôties de pain, beurré de préférence.

Le repas de midi, surtout en été, ne devra être ni trop copieux, ni trop bien arrosé, particulièrement pour le pêcheur au coup. Rester assis, immobile, par la grande chaleur, à surveiller un bouchon trop souvent immobile, lui aussi, dans l'attente du poisson récalcitrant, alors que les rayons du soleil tombent perpendiculairement sur la terre, que la rivière est de lave, que les oiseaux engourdis se taisent dans la ramure et qu'une torpeur immense endort tout ce qui vit, serait particulièrement pénible après un bon déjeuner.

Ne prendre que des aliments de digestion facile, ne boire que des vins légers coupés d'eau, avec un bon verre de café noir qui stimule, est préférable en été.

Il n'en est plus de même en hiver où par tous les moyens, il faut réagir contre le froid ambiant. De bons vins généreux, pris sans excès, des aliments gras, du sucre, du pain en abondance, qui produisent de la chaleur, sont à recommander.

L'alcool, sous forme de liqueur, doit être proscrit du régime d'un vrai pêcheur, et c'est tout au plus si l'on pourra se permettre quelques gouttes de bon cognac ou de bon rhum dans le café.

Accidents.

L'accident le plus grave pour le pêcheur, est évidemment le plongeon involontaire en eau profonde. Lorsque le malheureux ne sait pas nager, ou lorsque ce plongeon a lieu avant que la digestion ne soit terminée, c'est, même lorsqu'il se termine au milieu des éclats de rire des assistants, un incident peu agréable qu'il faut éviter toujours.

Il importe donc de redoubler de précautions lorsqu'on pêche auprès d'un grand fond, particulièrement lorsque la berge est humide et glissante et que rien ne peut retenir le pêcheur en cas de chute.

Si, dans ces conditions, un accident se produit, et si quelque héros se trouve là, juste à point pour repêcher le malheureux, — ce qui n'arrive pas toujours — le noyé n'est pas encore sauvé lorsqu'il est ramené sur la berge. Il suffit, en effet, de bien peu de temps pour que le malade soit complètement insensible et paraisse mort. Il ne faut pas désespérer encore. On a sauvé des noyés qui étaient restés 5, 10, 15 minutes, et même plus, sous l'eau.

Le procédé le plus recommandable, pour rappeler à la vie un asphyxié par submersion, est le procédé de Laborde, ou procédé des tractions rythmées de la langue.

Pour le pratiquer, on prend la langue entre le pouce et l'index, recouverts d'un mouchoir ou d'un linge quelconque, après avoir écarté les mâchoires au moyen d'un couteau, d'une cuiller, d'un morceau de bois ou de tout autre objet.

Ces tractions doivent être faites à intervalles réguliers (une toutes les trois ou quatre secondes) et de façon à bien tirer sur la racine même de la langue. Lorsque le patient fait des efforts pour respirer, on approche de son nez un linge imbibé d'ammoniaque, ou une allumette soufrée enflammée. Il est utile de le faire vomir en introduisant l'index au fond de l'arrière-gorge.

Pendant ce temps, les aides de l'opérateur, si celui-ci n'est pas seul, essaieront de rappeler la circulation et la chaleur au moyen de massages, de frictions vigoureuses avec des linges secs et même chauds. Si l'on a ce qu'il faut pour cela, on peut également promener sur le corps une bouteille de grès remplie d'eau chaude.

L'essentiel est de ne pas se décourager. On a sauvé des noyés après plusieurs heures de soins. Il ne faut donc s'arrêter que lorsque la mort a bien évidemment fait son œuvre.

*
* *

Pendant les grandes chaleurs, le pêcheur peut être atteint d'une insolation ou d'une congestion. L'insolation est généralement peu grave, et se borne ordinairement à une brûlure superficielle de la peau.

La congestion, au contraire, peut avoir des suites très dangereuses et, même amener la mort. Il faut, dans ce cas, transporter le malade à l'ombre, et au frais, éloigner les curieux, aérer le plus possible si l'on n'est pas dehors, enlever les vêtements qui pourraient gêner la circulation, et faire des affusions froides sur le visage, la tête, la poitrine. On pourra, en même temps, donner un peu de thé ou de café légers. Dans les cas graves, un lavement sera fort utile.

*
* *

Enfin, un hameçon, quelquefois, peut s'implanter dans les chairs. Avec les doigts, ou avec une pince à serrer les plombs, on essaiera de dégager l'ardillon. Si l'on ne peut y parvenir, on fera ressortir la pointe, et, brisant la palette si l'hameçon en a une, on retire la pointe la première.

Si, au cours de cette opération, il vient à se casser, on en est quitte pour faire une légère incision, qui permettra de le dégager. L'hameçon, qui était peut-être esché d'asticots, étant tout ce qu'il y a de moins aseptique, il sera prudent de laver soigneusement la petite plaie avec un antiseptique quelconque.

Soins à donner au matériel.

Il ne suffit pas au pêcheur d'avoir un outillage complet et de premier ordre, il est nécessaire de l'entretenir en bon état. Pour cela, quelques soins sont indispensables, aussi bien dans l'emploi que pour la conservation de ce matériel.

Canne. — Pour monter une canne, on commence par le scion, qu'on fixe à l'extrémité du brin auquel il doit s'adapter, et qu'on appelle branlette. De même que pour monter les autres parties de la canne il faut avoir soin de ne prendre les brins qu'aux endroits garnis de virole. En agissant autrement, on risquerait, en effet, de tordre le bois dans les viroles ou de décoller celles-ci.

On monte ainsi les trois, quatre ou cinq bouts de la canne. Lorsque cette opération est terminée, et qu'on ne s'en sert pas immédiatement, il n'est pas prudent de déposer cette canne à terre. Il vaut mieux la redresser contre un arbre ou l'appuyer aux branches des arbustes qui poussent généralement sur le bord des rivières. Il peut arriver, en effet, que, pressé ou préoccupé, dans les mouvements qu'on fait pour amorcer ou disposer tout le matériel autour de soi, on pose le pied dessus par inadvertance, et c'est alors, souvent, une canne perdue. J'ai brisé ainsi, autrefois, une canne d'un certain prix, le jour même où je m'en servais pour la première fois.

Lorsque la séance de pêche est finie, par les temps très humides ou lorsqu'il a plu, il peut arriver qu'on ait beaucoup de mal à démonter la canne. Il faut avoir soin de ne rien forcer, même en ne touchant qu'aux viroles. Il suffit, d'ailleurs, de chauffer la virole femelle avec une ou deux allumettes. Sous l'action de la chaleur, le métal de cette virole se dilate et elle augmente de dimension. Le bois qui est à l'intérieur — lorsqu'il y en a — sèche et se dégonfle un peu, et les deux parties se séparent ensuite aisément.

Lorsqu'une canne est ainsi humide, il ne faut la remettre au fourreau que pour rentrer à la maison. Aussitôt qu'on y sera arrivé, on doit retirer de l'étui les bouts de la canne et les faire sécher, à l'ombre, dans un local sec et non chauffé, ainsi que le fourreau. Si des brins, et particulièrement des scions, ont été tordus ou courbés, il faut, pendant qu'ils sont encore humides, les suspendre par une extrémité en accrochant un poids à l'autre extrémité. On ne rangera définitivement les cannes que lorsque toutes les parties qui les composent, ainsi que le fourreau, seront bien secs.

Tous les ans, il sera bon de les visiter minutieusement et d'y effectuer soi-même, ou d'y faire effectuer, les réparations nécessaires : rebronzage des viroles, revernissage, remplacement des ligatures ou des anneaux, etc.

Moulinets. — Les moulinets doivent être essuyés avec soin avant d'être rangés. Il est bon de les renfermer dans un fourreau de cuir qui les protège. Les moulinets de bois, en particulier, de même que les cannes, ne seront jamais remis dans leur étui avant d'être bien secs.

On aura soin, de temps en temps, d'introduire une goutte d'huile fine dans le mécanisme. Si ce mécanisme venait à s'encrasser, on le démonterait, on le nettoierait avec un chiffon imbibé de pétrole, on essuierait soigneusement et on graisserait ensuite.

Anneaux. — Les anneaux sont peu susceptibles de détérioration. Il convient cependant de les visiter de temps en temps afin de remplacer ceux qui seraient trop usés ou de refaire les ligatures lorsqu'elles ne tiennent plus ou commencent à être coupées par le passage du fil.

Lignes. — Les lignes demandent beaucoup de soin. Lorsque, pour revenir du lieu de pêche, on a dû les replacer toutes mouillées sur le moulinet ou le plioir, on doit les dérouler en arrivant à la maison et les faire sécher avant de les enrouler à nouveau. Si l'on négligeait cette précaution, elles prendraient de mauvais plis et ne tarderaient pas à se pourrir.

Les lignes en soie destinées au moulinet doivent être graissées de temps en temps. Il faut, pour cela, qu'elles soient bien sèches. La graisse de cerf est considérée comme étant la meilleure pour cet usage, mais on peut aussi employer la vaseline.

Les bas de lignes en racines blanches ou teintées, racines anglaises ou crins, se conserveront mieux, d'une année à l'autre, si l'on a soin de les enfermer dans un papier fortement huilé.

Hameçons. — Lorsque des hameçons ont un peu de service, il arrive souvent que la pointe en est émoussée. S'il s'agit de gros hameçons, on peut les rendre piquants de nouveau au moyen d'une lime fine avec laquelle on aiguise la pointe à l'extérieur et sur les côtés. On passe ensuite cette pointe sur une pierre à aiguiser fine et huilée.

Pour les petits hameçons, la lime n'est pas nécessaire, et il suffit de refaire la pointe sur la pierre.

Autant que possible, il faut éviter de laisser mouiller les hameçons de réserve que l'on possède. S'ils l'ont été, il convient de les sécher soigneusement, à plusieurs reprises, entre deux feuilles de buvard. On peut ensuite les conserver dans du papier huilé qui les empêche de se rouiller.

Emerillons. — Les émerillons devront être également protégés contre l'humidité, qui finirait par les attaquer, de même que toutes les pièces en acier.

Plioirs. — Les plioirs ordinaires, formés d'une simple planchette, ne demandent pas de soins spéciaux ; mais les plioirs doubles, triples ou quadruples, dont il a été question à l'article matériel, devront, autant que possible, être tenus à l'abri de la pluie et de l'humidité, qui feraient gondoler les planchettes et les disloqueraient rapidement.

Epuisette. — Les épuisettes démontables et munies d'un fourreau ne devront être introduites dans ce fourreau, qui devra être sec lui-même, que lorsque le manche et le filet ne présenteront plus de traces d'humidité. Ainsi que pour les cannes, on fera donc bien, en rentrant à la maison, de les faire sécher à l'ombre avant de les ranger définitivement.

Il en sera de même des sacs à poissons, bourriches, paniers de pêche, nécessaires, poissons artificiels et tackles de toutes natures.

Mouches artificielles. — Les mouches, comme tous les autres accessoires du pêcheur, seront séchées minutieusement avant d'être remises dans la boîte ou le portefeuille. Pour les conserver d'une année à l'autre, on fera bien de les enfermer dans une boîte de bois — boîte à cigares, par exemple, — sur les bords de laquelle on collera soigneusement des bandes de papier gommé, afin d'empêcher les insectes d'y pénétrer.

Moyennant ces quelques soins, on conservera toujours en bon état l'attirail que l'on possède, on s'évitera, au bord de l'eau, les déboires occasionnés par un mauvais entretien et, chose à considérer, on n'aura pas à renouveler aussi fréquemment les diverses pièces de son matériel.

CHAPITRE II

TRAVAUX PRATIQUES DU PÊCHEUR

Il y a quelque vingt ans, un vieil ami me donnait une superbe boîte de pastels fins, très complète, dont il ne s'était pas encore servi. Bien que je ne sois qu'un piètre dessinateur, je voulus néanmoins utiliser cette boîte, mais, n'ayant touché un pastel de ma vie, n'ayant jamais eu même la curiosité de regarder comment on l'employait, je fus des plus embarrassé.

Je me hâtai d'acheter, chez un grand éditeur de Paris, un traité sur le pastel dont je tairai le titre et le nom d'auteur. Aussitôt rentré chez moi, je l'ouvris avec empressement. J'y lus des choses de ce genre (je ne prétends pas citer, même approximativement, mais seulement donner une idée) :

« Le soir est l'heure mystérieuse où tout dans la nature se repose et s'endort. Les ombres s'atténuent et disparaissent, les contours deviennent imprécis. On donnera donc aux objets des teintes... etc.

« La figure humaine est l'image de la face auguste du Créateur. Les yeux sont le miroir de l'âme. On traitera ce sujet... etc... »

Tout cela, évidemment, était fort beau, mais ne m'indiquait nullement comment on employait le pastel. Devait-on le frotter directement sur le papier ? Devait-on le réduire en poudre et l'appliquer avec les doigts ? Avec une estompe ? La lecture attentive de cet ouvrage ne me révéla rien à cet égard.

De dépit, j'offris à mon tour et la boîte — vierge encore — et le livre, à un de mes amis. Et voilà comment, peut-être, la France perdit en moi un grand pastelliste.

Depuis cette époque, j'ai horreur de tous ces beaux ouvrages qui n'enseignent rien. Si j'écris un livre sur la pêche, je veux que le lecteur connaisse son sujet après l'avoir lu, et qu'il n'ait plus à acquérir que l'expérience, qui ne s'enseigne pas.

C'est pourquoi j'ai cru devoir illustrer ce chapitre de nombreuses figures. Il est indispensable, en effet, que le pêcheur puisse faire lui-même une réparation à sa canne, la ligaturer, par exemple, y fixer un anneau. Il faut qu'il sache raccommoder correctement une ligne cassée, empiler un hameçon, etc. Il est préférable d'ailleurs que le pêcheur monte ses lignes et empile lui-même ses hameçons.

En premier lieu vient l'étude des petits travaux que peut nécessiter la canne : ligatures et pose d'anneaux. Différents procédés peuvent être employés. J'ai indiqué seulement ceux qui me paraissent les plus pratiques.

Pour ligaturer une canne, et c'est une opération qu'il est toujours bon de faire avec les cannes de roseau, on pratique généralement une ligature entre chaque nœud. On peut avoir également à ligaturer une canne fendue.

Pour cela, on se procure du fil poissé, qu'on vend tout préparé en bobines chez les marchands d'articles de pêche. On peut faire ce fil poissé soi-même, ce qui est très facile avec quelques sous de poix de cordonnier.

Si la canne est grossière et forte, et qu'on ne tienne pas à l'élégance, on emploiera le fil de Bretagne, qu'on trouve chez les merciers. Dans le cas contraire, du simple fil à coudre, noir, d'un numéro assez gros, et bien poissé, peut être utilisé.

Prenant quelques mètres du fil choisi, on attache une extrémité à un clou, et, introduisant ce fil dans la poix, qu'on a eu soin de déposer au milieu d'un morceau de cuir souple, on en frotte copieusement le fil, en marchant à reculons, jusqu'à ce qu'on soit arrivé à l'autre extrémité.

La poix se ramollissant beaucoup sous les doigts, le fil, bientôt, en est enduit d'une couche très épaisse. Il faut enlever cet excédent. Pour le faire, on prend un autre morceau de cuir souple, ne contenant pas de poix, et on en frotte fortement le fil.

Il ne reste plus qu'à l'enrouler sur un petit bâton de quelques centimètres de long et de la grosseur d'un gros crayon pour qu'il soit prêt à être employé.

Faites toujours une fente à l'un des bouts de ce petit bâton, et introduisez dans cette fente l'extrémité libre du fil poissé. Vous serez ainsi toujours sûr de la retrouver, lorsque vous en aurez besoin, et vous

vous éviterez un de ces accès de colère qui — si j'ose dire — sont la
perdition des âmes aussi bien que des corps.

Pour faire la ligature, on commence par dérouler 12 à 15 centimètres
de fil (A, fig. 50), on prend ensuite la canne sous le bras droit — c'est,
je crois, la manière la plus pratique — on la fait tourner de la main
gauche, et, tenant de la main droite le rouleau de fil poissé, on laisse
filer celui-ci entre le pouce et l'index de la main droite et on l'enroule
sur la canne en serrant fortement et en recouvrant le fil A.

Lorsqu'on a fait ainsi cinq ou six tours (B, fig. 50), on replie le fil A
en faisant une boucle assez grande (fig. 51) et on continue à enrouler
quelques tours, en recouvrant la boucle qu'on a formée avec le fil A
replié. Lorsque la ligature a atteint la largeur qu'on désire lui donner,
on coupe le fil B, de manière à en laisser libres un ou deux centimètres.

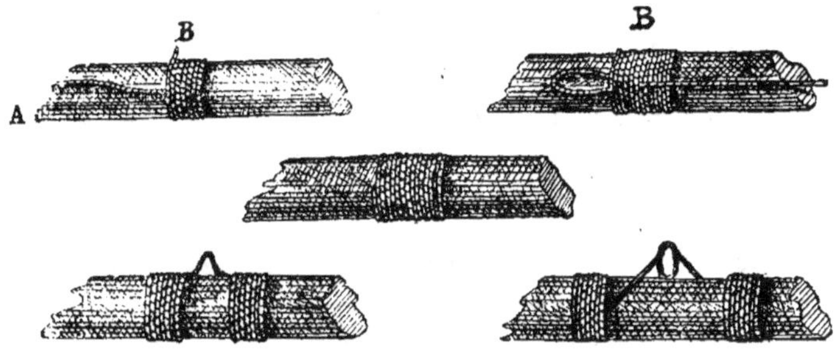

Fig. 50, 51, 52, 53, 54.

On passe l'extrémité de ce fil B à l'intérieur de la boucle (fig. 51) et,
tirant sur le fil A, on réduit de plus en plus la grandeur de cette boucle
qui finit par disparaître sous la ligature, emmenant avec elle l'extrémité B du fil.

On l'entraîne ainsi le plus loin possible. Lorsque la résistance devient
très grande, on coupe, au moyen d'un canif, l'extrémité du fil B, au ras
de la ligature, et le fil A, entre les deux spires de fil poissé. On a alors
la ligature représentée figure 52.

Il faut avoir soin, lorsqu'on fait une ligature de ce genre, de ne pas
enrouler trop de tours de fil poissé après qu'on a replié le fil A, et de
serrer modérément ces derniers tours.

Dans le cas contraire, il serait difficile de ramener la boucle, et l'extrémité B du fil, sous les dernières spires de fil poissé, le fil A pourrait
casser et on serait forcé de recommencer le tout.

Lorsqu'on n'a en vue que la pêche des petites espèces, une bonne
canne de roseau, simplement ligaturée, peut être suffisante. Il n'en est

plus de même si l'on veut s'attaquer aux poissons qui peuvent atteindre une grande taille et un poids quelquefois considérable : perches, brêmes, barbeaux, carpes, brochets, etc.

Dans ce cas, il est prudent d'ajouter des anneaux à la canne. Les meilleurs sont les anneaux spirales. Il y en a deux espèces (fig. 53 et 54). Ceux qui sont représentés figure 54 sont préférables à tous les points de vue.

Il convient, lorsqu'on monte soi-même des anneaux sur une canne, de les choisir de plusieurs tailles et de placer le plus gros près du moulinet et les plus petits sur le scion. Pour ces derniers, le diamètre peut varier de 3 à 4 millimètres, lorsque les cannes sont destinées au poisson moyen, à 6 ou 7 millimètres dans les cannes à brochet. Les plus gros, près du moulinet, auront 7 millimètres environ pour le poisson moyen, et 10 millimètres pour le brochet, le diamètre des anneaux intermédiaires allant en augmentant du scion au moulinet.

Il est impossible de fixer d'une manière précise la place à donner aux anneaux sur la canne. Cette place variera, en effet, suivant le nombre des brins et leur longueur, et les viroles qui sont aux deux extrémités de chaque brin contraindront souvent à modifier les emplacements qu'on avait déterminés.

Il importe seulement de se rappeler que les anneaux doivent être d'autant plus serrés qu'on se rapproche de la pointe de la canne. Leur écartement, qui est de 15 centimètres environ près de l'anneau de tête du scion, va toujours en augmentant et peut atteindre 50 centimètres pour ceux qui sont auprès du moulinet.

La pose des anneaux sur une canne n'offre aucune difficulté. Lorsqu'on a monté cette canne, en ayant soin que les marques, tracées par le fabricant sur les viroles mâles et femelles, soient bien en face l'une de l'autre, on marque, à la craie, l'emplacement des anneaux, en tenant compte des indications ci-dessus, et en ayant soin que ces marques soient bien sur la même ligne, de façon que les anneaux se trouvent dans le prolongement l'un de l'autre lorsque la canne sera montée.

Il ne reste plus ensuite qu'à fixer les anneaux. On y arrive au moyen de deux ligatures faites comme il a été indiqué ci-dessus.

On complétera cette canne en la munissant de deux bagues de cuivre, portant chacune une vis de serrage permettant de maintenir le moulinet.

A l'extrémité du scion, au moyen d'une longue ligature, on fixera un anneau de tête qu'on trouvera chez tous les marchands d'articles de pêche.

Lorsque la canne n'est pas munie d'anneaux, il est bon, à l'extrémité

du scion, d'enrouler un peu de fil poissé, en A, à une dizaine de centimètres de l'extrémité, et, en B (fig. 55), tout auprès de cette extrémité,
de manière à former deux bourrelets qui empêcheront la ligne de glisser. On verra plus loin (fig. 101, 102, 103, 104, 105) comment on peut
attacher ensuite la ligne au scion.

Souvent encore, à l'extrémité du scion, on forme avec de la soie

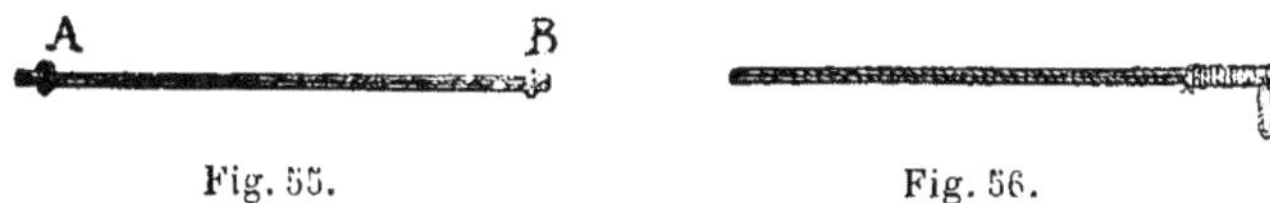

Fig. 55.   Fig. 56.

solide une sorte de boucle (fig. 56) qu'on maintient avec une longue
ligature. On fixera la ligne à cette boucle au moyen de l'attache appelée *nœud de tisserand*, ou *demi-clef*, représentée figures 73, 74 et 75,
que l'on défait facilement en tirant sur l'extrémité du fil, ou au moyen

Fig. 57.   Fig. 58.

du nœud représenté figures 76 et 77, qui tient mieux, mais est un peu
plus difficile à défaire.

Ces travaux sont à peu près les seuls que le pêcheur puisse effectuer
sur sa canne. Il en est une foule d'autres qui sont employés dans la
confection des lignes.

Le pêcheur, tout d'abord, peut avoir à réunir deux crins, deux

Fig. 59.   Fig. 60.

racines, ou deux soies de même grosseur, ou à peu près. Le nœud le
plus employé, et le plus pratique, recommandé par M. Halford dans
son « Dry-Fly-Fishing », est le nœud représenté gures 57, 58, 59 et 60,
et qu'on appelle ordinairement *nœud de pêcheur*.

On commence par croiser (fig. 57) sur une longueur de quelques centimètres (plus ou moins suivant leur grosseur) les deux extrémités des

fils à attacher. Prenant ensuite ces deux fils au point A, entre le pouce et l'index, on fait, avec l'extrémité A B de l'un des fils et avec l'autre bout une boucle dans laquelle on passe le second fil et l'extrémité libre du premier. On a alors l'assemblage représenté figure 58.

Si, à ce moment, on serrait ce nœud en tirant sur les deux fils aux points A et B, on aurait le *nœud d'approche*, qui est déjà très solide.

Mais, au lieu de serrer immédiatement, on passe une seconde fois les deux parties du fil dans la boucle. On a alors l'assemblage représenté par la figure 59. Il ne reste plus qu'à tirer régulièrement sur les quatre

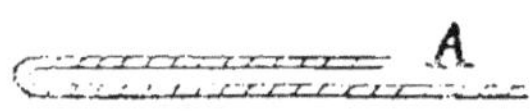

Fig. 61.

Fig. 62.

extrémités des fils pour obtenir le véritable *nœud de pêcheur*, qui ne glisse pas et ne se défait jamais lorsqu'il a été bien serré (fig. 60).

Aussi peut-on, sans inconvénient, couper très près du nœud les extrémités libres des fils.

Avant de réunir deux bouts de crin ou de racine, il importe de les faire tremper longtemps à l'avance dans de l'eau ou dans de l'huile. Dans l'eau froide, il faut une heure d'immersion pour que le crin soit bien souple et davantage encore pour la racine. On peut abréger cette

Fig. 63.

immersion en employant de l'eau tiède, mais cette opération est toujours indispensable, surtout avec la racine, qui est dure et peu flexible, sous peine de la voir casser lorsqu'on fera le nœud ou glisser lorsqu'il sera terminé.

Lorsqu'on veut réunir deux parties de ligne d'inégale grosseur, comme, par exemple, le corps de ligne et le bas de ligne, on fait une boucle aux deux extrémités que l'on veut réunir.

Rien d'ailleurs n'est plus facile que de faire cette boucle. On replie d'abord quelques centimètres du fil (fig. 61). On prend les deux fils au point A, entre le pouce et l'index, et, avec la partie double, on fait un nœud simple (fig. 62), on serre fortement, on coupe de près l'extrémité du fil libre et l'on a alors la boucle représentée (fig. 63).

On prend d'une main la boucle B (fig. 64) du corps de ligne, et de l'autre main la boucle A du bas-de-ligne, et on introduit la boucle B du corps de ligne dans la boucle A du bas-de-ligne (fig. 64).

Prenant alors l'extrémité du bas-de-ligne, on l'introduit dans la boucle du corps de ligne, et on fait passer le bas-de-ligne tout entier dans cette boucle (fig. 65). En tirant sur les deux parties, on a l'assemblage représenté (fig. 66), appelé *nœud d'accouplement*, qui est très solide et qu'on défait facilement en effectuant l'opération contraire.

Les nœuds et assemblages représentés ci-dessus sont, à mon avis du moins, les plus faciles, les plus pratiques, et surtout les plus solides. Il en existe d'autres cependant qu'on ne peut passer sous silence.

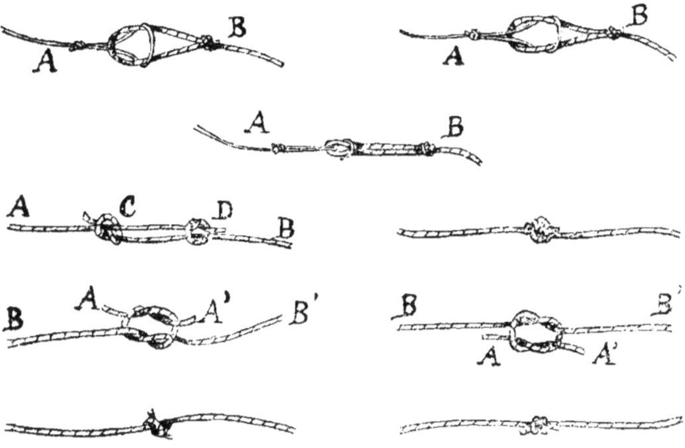

Fig. 64, 65, 66, 67, 68, 69, 70, 71, 72.

M. G.-Albert Petit, le savant auteur de *La Truite de rivière*, emploie pour assembler deux fils de même nature et de même grosseur, le nœud représenté dans la figure 67. Pour le faire, on croise d'une certaine quantité les deux fils à rassembler. Avec l'extrémité du fil B, on fait un nœud simple C (fig. 67) qui entoure le fil A, et, avec l'extrémité du fil A, un autre nœud simple D (fig. 67), qui entoure le fil B. Tirant sur les fils A et B, on rapproche les deux nœuds, on les serre, et on a l'assemblage représenté figure 68. Il est bon de ne pas couper de trop près les deux fils libres.

On peut encore réunir deux fils semblables au moyen du nœud communément employé dans toutes les circonstances de la vie, lorsqu'on veut attacher deux ficelles, par exemple. Mais il convient de bien examiner comment ce nœud doit être fait.

Il importe, en effet, que les deux fils AB, à gauche, A'B' à droite, ressortent du même côté de la boucle. Si donc, avant de serrer ce nœud, vous lui voyez l'aspect représenté figure 69, vous vous empresserez de le défaire, et de le recommencer, en ayant soin de faire passer les deux fils AB à gauche, A'B' à droite du même côté de la boucle, ainsi qu'il est représenté figure 70.

Fig. 73.   Fig. 74.

Dans le premier cas, en effet, vous auriez, en serrant, obtenu le nœud appelé par les marins *nœud de vache* (fig. 71) qui ne tient pas du tout et glisse au premier effort.

L'assemblage (fig. 70), au contraire, vous donnera le *nœud plat*

Fig. 75.

(fig. 72) très solide, et qui pourrait presque remplacer le *nœud de pêcheur* (fig. 60).

Pour réunir un bas-de-ligne au corps de ligne, on peut encore employer le *nœud de tisserand* ou *demi-clef* (fig. 73, 74, 75).

Fig. 76.   Fig. 77.

On passe d'abord l'extrémité supérieure A du bas-de-ligne dans la boucle inférieure B du corps de ligne (fig. 73). Contournant cette extrémité du bas-de-ligne autour de la boucle, on la fait repasser au-dessus de la boucle et sous le bas-de-ligne, en formant avec elle une boucle A (fig. 74), et on serre le tout en tirant sur les deux parties. On obtient ainsi l'assemblage représenté (fig. 75).

On défait facilement ce nœud en tirant sur le fil A (fig. 75). Il est donc très pratique, mais n'est pas aussi sûr que le nœud d'accouplement représenté figures 64, 65, 66.

On peut le rendre plus solide en faisant un nœud à l'extrémité de la partie supérieure du bas-de-ligne et en le modifiant un peu (fig. 76, 77). Ainsi effectué, il donne plus de sécurité au pêcheur, mais est aussi un peu plus difficile à défaire.

Il ne suffit pas de savoir réunir solidement les deux parties constitutives de la ligne : bas-de-ligne et corps de ligne. Il faut encore être à même d'établir ces deux parties.

Ainsi qu'on l'a vu dans le premier chapitre, le corps de ligne peut être en soie, en racine ou en crin. Pour les très gros poissons, ou lorsqu'on se sert du moulinet, le corps de ligne en soie est préférable, mais lorsqu'on n'a en vue que la capture des moyens et petits poissons, le corps de ligne en crin lui est supérieur.

Il peut être composé d'un nombre de crins plus ou moins grand, tordus ensemble pour former des faisceaux appelés margotins qui sont ensuite attachés l'un à l'autre au moyen du *nœud de pêcheur*.

Le corps de ligne en crin tressé sans nœuds, composé d'un certain nombre de crins (4 à 30), est beaucoup plus commode que le précédent. On l'achètera plus ou moins fort suivant la pêche qu'on veut pratiquer. Ainsi qu'il a été dit plus haut, au chapitre du matériel, il est excellent, à cause de sa souplesse et de l'élasticité qu'il acquiert lorsqu'il est mouillé.

Les corps de ligne en racine, raides et brillants, n'offrent aucun avantage sur les précédents et leur sont plutôt inférieurs.

Les corps de ligne pour la pêche au coup sont généralement d'une seule pièce et de la même grosseur dans toute leur longueur. Ils ne demandent donc aucun autre travail que la confection de boucles aux extrémités, s'il y a lieu.

Les bas de ligne, au contraire, sont habituellement composés d'un certain nombre de bouts de crin ou de racine ordinaire ou anglaise. Leur longueur et leur force varient suivant l'endroit où l'on pêche et les poissons qu'on est exposé à piquer.

On doit les faire aussi fins que possible pour qu'ils soient moins visibles dans l'eau et effraient moins le poisson. Pour cette raison, ils sont généralement très fragiles et très cassants lorsqu'ils sont secs, et ils n'acquièrent toute leur solidité qu'à la suite d'un séjour assez prolongé dans l'eau. Aussi doivent-ils, autant que possible, être toujours complètement immergés.

C'est pourquoi, lorsqu'on pêche dans une rivière ou un étang peu profonds, on ne peut employer qu'un petit bas-de-ligne d'une longueur

totale un peu moindre que la profondeur de l'eau, afin que la partie
supérieure qui resterait hors de l'eau ne soit pas exposée à casser, à
la moindre secousse, à son point d'attache avec le corps de ligne.

Lorsqu'on pêche en eau profonde, au contraire, on n'a plus à se
préoccuper de cette question. On donne alors au bas-de-ligne une longueur égale à peu près au tiers de la ligne, celle-ci ayant elle-même,
sauf certains cas particuliers — lorsqu'on pêche du haut d'un pont ou
d'une berge élevée par exemple — une longueur totale inférieure de 25
à 30 centimètres à la longueur de la canne.

Pour la pêche des petits et des moyens poissons, le bas-de-ligne peut
être en crin ou en racine anglaise. Pour les raisons qui ont été indiquées précédemment, le crin est préféré de beaucoup de pêcheurs.

Dans les eaux peu profondes, auquel cas il n'y a généralement que
de petits poissons, le bas-de-ligne peut être composé d'un ou de deux

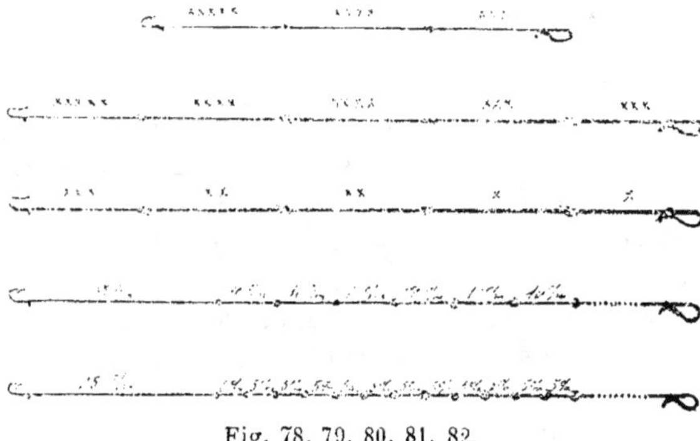

Fig. 78, 79, 80, 81, 82.

crins seulement, suivant leur longueur, ou de trois racines anglaises
XXXXX à XXX (fig. 78) en queue de rat, c'est-à-dire dont la grosseur
va en diminuant du corps de ligne à l'hameçon.

De cette façon, le poisson, en s'approchant pour prendre l'appât, ne
voit que la partie la plus fine du bas-de-ligne, et, si celui-ci vient à être
rompu, il cassera à sa partie inférieure, qui est la plus faible, et la perte
sera moins sensible.

Lorsque, en eau profonde, on emploie un plus grand bas-de-ligne,
on peut le composer de trois ou quatre crins ou de cinq racines.

Dans ce cas (fig. 79), on l'établira en racines anglaises XXXXX à
XXX, si l'on est certain de ne pas piquer de gros poissons, et (fig. 80)
en racines XXX à X au cas où l'on peut avoir affaire à de plus lourdes
pièces.

Ce sont là les bas-de-ligne les plus recommandables pour toutes les pêches courantes, c'est-à-dire pour les poissons ne dépassant pas le poids de trois à quatre livres.

Au contraire, dans les vastes étangs qui renferment des carpes monstrueuses, dans les grands fleuves qui donnent asile à de redoutables barbeaux, poissons que l'on capture le plus souvent en pratiquant les diverses variétés de pêche à soutenir, au grelot ou à la pelote, on utilisera les bas-de-ligne en grosse racine ordinaire, blanche ou teinte. On pourra même pour les très gros poissons, attacher l'hameçon directement sur de la soie fine.

Les bas-de-ligne 78, 79, 80 doivent être plombés avec soin. Le premier plomb, très petit, un n° 7, ou 8, ou 9 de Paris, devra être à 35 centimètres environ de l'hameçon. Les autres, de même taille, ou de plus en plus gros si la plume est forte, seront placés, en remontant sur le bas-de-ligne, de 10 centimètres en 10 centimètres (fig. 81) ou de 5 centimètres en 5 centimètres (fig. 82) suivant que le bas-de-ligne est plus ou moins long et que la plombée nécessaire pour équilibrer la plume doit être plus ou moins lourde.

En aucun cas, pour la pêche au coup à la ligne flottante, on ne doit mettre le premier plomb plus près de l'hameçon. Il faut toujours aussi, dans ces conditions, employer les plus fins bas-de-ligne.

Lorsque, au contraire, dans certains cas particuliers, comme ceux dont il a été question plus haut, on pêche plomb à terre, les plombées diffèrent totalement de celles qui viennent d'être décrites.

En résumé, pour une canne de quatre bouts de 1 m. 50 donnant une longueur de 5 m. 70 environ lorsqu'elle est montée, et pour des poissons de 250 à 1.000 grammes, voici la ligne que je préfère :

Corps de ligne de 3 m. 60 environ, en quatre crins tressés sans nœuds. Bas de ligne en crin naturel ou en cinq racines anglaises (fig. 79) de 1 m. 80 de longueur environ, plume plus ou moins grosse suivant la profondeur, plombée plus ou moins lourde (fig. 81 ou 82) suivant la grosseur de la plume, hameçon n° 12 à 15 suivant l'esche employée.

C'est là une bonne ligne courante pouvant servir dans toutes les eaux et pour presque tous les poissons. On augmentera la force de toutes les parties qui la composent, suivant les indications qui seront données lorsqu'on étudiera la pêche de chaque espèce, quand on s'attaquera à des seigneurs de plus haute importance.

Il reste à étudier maintenant la manière d'empiler les hameçons. C'est là la pierre d'achoppement de tous les débutants, et, bien que cet empilage n'offre aucune difficulté, il est bon de s'y exercer à la maison, tranquillement, de façon à le pratiquer correctement et sans hésitation, pour remplacer un hameçon perdu ou cassé, si l'on se trouve dans la nécessité de le faire rapidement au bord de l'eau.

Voici comment on opère :

On prend l'hameçon entre le pouce et l'index de la main gauche, la courbure en haut, la pointe dirigée vers la main droite et on tient en même temps la racine ou le crin dont on a replié quelques centimètres A (fig. 83).

Prenant de la main droite l'extrémité A du crin, on l'enroule, en spires régulières et serrées, à partir de la palette, en B (fig. 84) en se

Fig. 83. Fig. 84.

dirigeant vers la gauche et en enserrant à la fois la tige de l'hameçon et le crin.

Lorsqu'on a enroulé ainsi huit à dix tours, on passe l'extrémité A du crin à l'intérieur de la boucle qui dépasse du côté de la courbure de l'hameçon (fig. 85).

Enfin, maintenant le tout entre les doigts de la main gauche, afin que le bout A du crin ne ressorte pas de la boucle, on tire sur l'extrémité libre C de ce crin de façon à resserrer la boucle et à entraîner le bout A sous les spires, ou tout au moins à le serrer fortement contre la dernière.

On coupe ensuite — pas de trop près — le bout de crin A, et l'empilage est terminé (fig. 86).

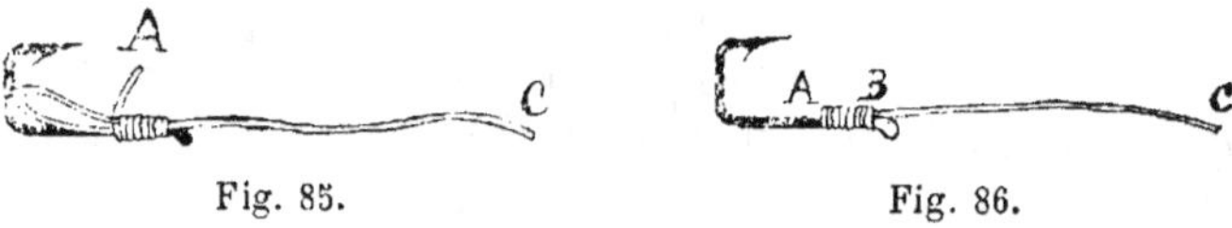

Fig. 85. Fig. 86.

Pour ces opérations, comme pour toutes celles où l'on emploie le crin ou la racine, ceux-ci doivent être ramollis ou assouplis par un séjour prolongé dans l'eau.

L'empilage ci-dessus est le plus employé. C'est pour ainsi dire le procédé classique. Il n'est pas, pour cela, meilleur que le mode ci-dessous, à moi indiqué par M. Georges Tesson et que je trouve, en effet, supérieur.

On prend l'hameçon de la main gauche, la courbure en bas, la pointe dirigée vers la droite. On croise le crin sur l'hameçon, le bout le plus fin A (fig. 87) tourné du côté gauche, le bout le plus gros, B, tourné du côté droit, et dépassant à peine la hampe de l'hameçon.

Prenant alors le crin au point C (fig. 87) on l'enroule à partir de D (fig. 88) en se dirigeant vers la gauche et en enserrant à la fois la hampe et les deux extrémités du crin. Lorsqu'on a fait sept ou huit

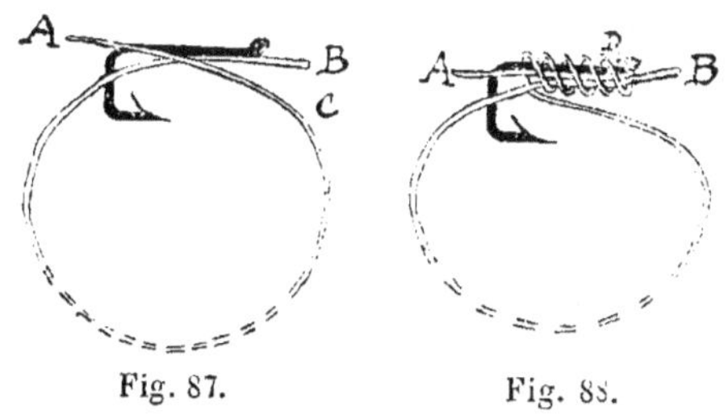

Fig. 87.   Fig. 88.

spires — qui doivent être serrées, bien que, sur la figure 88, elles aient été laissées lâches pour plus de clarté — on avance le pouce et l'index pour que ces spires ne se desserrent pas, on tire à fond sur l'extrémité B du crin et il ne reste plus qu'à couper l'extrémité A, après l'avoir un peu tirée, pour que l'hameçon soit supérieurement empilé.

On peut avoir également à monter un hameçon simple pour la pêche du brochet ou des gros carnassiers. Dans ce cas, on n'emploie pas de racine, qui pourrait être coupée par les dents du poisson.

Prenant un bout de 30 à 35 centimètres de corde à guitare, on déroule, à une extrémité, le fil de cuivre qui l'entoure sur une longueur de 6 à

Fig. 89.   Fig. 90.

8 millimètres, de A à B (fig. 89) et, au moyen d'une lame mousse, on effile un peu la soie mise à nu, de B en A. Posant ensuite cette extrémité de corde à guitare sur la hampe de l'hameçon, de A en C, on tient le tout de la main gauche, ainsi qu'un bout de fil poissé D de 10 centimètres de longueur environ. On fait alors des spires très serrées avec le fil poissé enroulé sur le bâtonnet, en allant vers la gauche, de C à B

(fig. 90) en recouvrant la hampe, la corde à guitare et la partie de fil poissé, D, qu'on a réservée.

Lorsqu'on est arrivé en B, on rabat, sur ce qui est enroulé, la partie de soie effilée, de B en A, et le fil poissé D (fig. 90). Le tout, alors, a l'aspect représenté (fig. 91). On enroule encore quelques tours en allant

<table>
<tr><td>Fig. 91.</td><td>Fig. 92.</td></tr>
</table>

vers la gauche, puis on revient vers la droite, en enserrant le **tout**, jusqu'en A (fig. 92). On coupe alors le fil qui a servi à l'enroulement, en conservant quelques centimètres, et on fait, en A, un nœud solide avec ce bout de fil et l'extrémité D.

Si l'on a soin de passer un peu de vernis sur le tout, l'hameçon est empilé d'une façon presque indestructible, et, tant que le fil poissé résistera, la corde à guitare ou l'hameçon casseront avant que celui-ci ne se détache.

Ces procédés sont applicables aux hameçons à palette. Les hameçons à œillet, très employés aujourd'hui pour la confection des mouches artificielles et même, par certains amateurs, pour la pêche au coup, s'empilent d'une tout autre façon.

On en comprendra le mécanisme facilement en étudiant les dessins suivants, où l'hameçon a été représenté nu et agrandi.

Dans l'empilage le plus simple (fig. 93) on se contente de repasser l'extrémité de la racine sous celle-ci après avoir contourné la hampe de l'hameçon, et on serre.

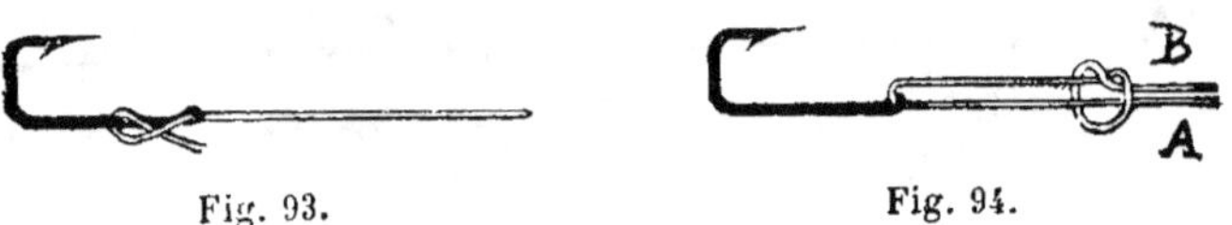

<table>
<tr><td>Fig. 93.</td><td>Fig. 94.</td></tr>
</table>

Dans la figure 94, on fait, avec le petit bout B, un nœud simple autour de A, on glisse ce nœud jusque par-dessus l'œillet, en tirant sur A et l'on serre.

Pour pratiquer l'empilage suivant (fig. 95), on fait autour de la hampe un nœud simple que l'on serre contre l'œillet en tirant sur la racine.

Enfin (fig. 96) après avoir passé l'extrémité de la racine dans l'œillet, on fait un nœud que l'on comprendra facilement en examinant attentivement la gravure. On obtient alors une sorte de boucle dans laquelle on fait passer l'hameçon (fig. 96) en commençant par la pointe. On tire

Fig. 95.   Fig. 96.

sur l'extrémité de la racine, le nœud se resserre et l'hameçon tient parfaitement.

Tous ces empilages se défont facilement en repoussant la racine dans l'œillet et en desserrant les nœuds. On peut aussi changer de mouche facilement et rapidement.

C'est là un progrès considérable, car, autrefois, alors que les hameçons à mouches artificielles étaient empilés sur racine à la soie poissée, la mouche se trouvait perdue lorsque cette racine était usée auprès de la hampe, ce qui arrivait rapidement par suite du mouvement de va-et-vient.

L'empilage des hameçons simples à pointe est assez difficile à bien exécuter. Il est préférable, pour cette raison, d'acheter ces hameçons tout empilés.

Les hameçons doubles, ou bricoles, employés pour la pêche du brochet, les hameçons triples, quadruples, etc., sont à anneau ou à pointe.

Pour empiler les hameçons à anneau, après avoir passé la corde à guitare dans l'anneau, on la replie, on effiloche un peu l'extrémité, et on ligature les deux bouts à réunir, ainsi qu'il est indiqué plus loin (fig. 99) en ayant soin de faire commencer la ligature auprès de l'anneau de l'hameçon.

Certains hameçons triples, très petits — employés particulièrement pour la pêche du chevesne — peuvent s'empiler de la manière suivante :

Faisant une boucle assez grande à l'extrémité de la racine, on introduit cette boucle dans l'anneau de l'hameçon, on fait passer celui-ci tout entier dans la boucle, et on tire (fig. 97).

Quelquefois aussi, après avoir passé 10 à 12 millimètres de racine dans la boucle, on replie cette racine contre elle-même et on ligature les deux bouts, au moyen d'un fil très fin poissé, comme dans la figure 99.

Enfin, lorsqu'il s'agit d'hameçons doubles, triples ou quadruples, etc., à pointe, on peut faire passer la racine entre les courbures de l'hameçon, et ligaturer les deux bouts sur la hampe, ainsi qu'il est montré sur un hameçon triple (fig. 98).

Pour attacher une empile en corde à guitare à la ligne, il faut la terminer par une boucle ligaturée. La corde à guitare n'ayant pas assez de rigidité pour se tenir droite pendant qu'on fait cette ligature, il est bon

Fig. 97.   Fig. 98.

d'accrocher la partie de la ligne formant boucle dans un hameçon déjà empilé dont la boucle de l'empile est passée dans un clou à crochet (fig. 99).

Après avoir dégarni quelques millimètres de corde à guitare à l'extrémité et effiloché la soie, on prend les deux bouts en B, entre le pouce et l'index, en ayant soin de réserver une dizaine de centimètres de fil poissé. On ligature de B en A, sur une longueur de 2 centimètres au moins, et on termine en attachant les deux bouts de fil poissé par un nœud solide.

Lorsqu'il s'agit, à la suite d'une rupture, de réparer une ligne de soie employée sur le moulinet, ou d'allonger une ligne de ce genre, on ne

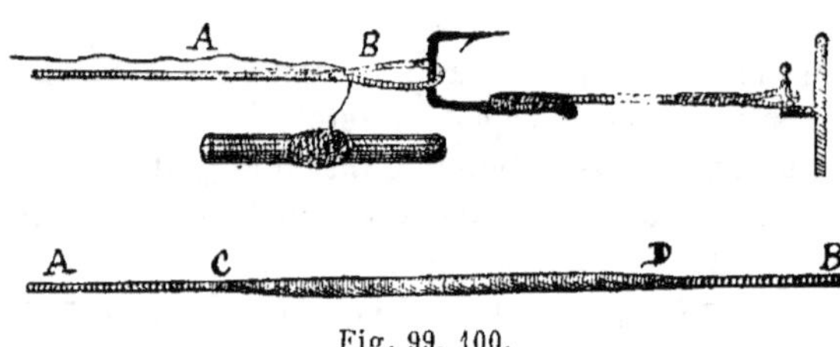

Fig. 99, 100.

peut employer aucun des nœuds indiqués plus haut. Ceux-ci, en effet, buteraient infailliblement dans les anneaux, arrêteraient la ligne et produiraient de véritables catastrophes.

Il faut alors accoler les deux bouts à réunir sur une longueur de quelques centimètres, les coudre, et faire une longue ligature recouvrant bien les deux extrémités (fig. 100). Il va sans dire qu'on peut employer également ce procédé, qui est plus élégant, pour réparer ou allonger les lignes de soie destinées à pêcher sans moulinet.

Pour attacher la ligne à la canne, lorsqu'on n'emploie pas de moulinet, et qu'on a eu soin de fixer une boucle de soie à l'extrémité du scion (fig. 56), on peut simplement employer *le nœud de tisserand* (fig. 73, 74, 75), ou, faisant un nœud à l'extrémité supérieure du corps de ligne, le même nœud un peu modifié (fig. 76, 77), qui est très solide.

Lorsque, au contraire, on a posé deux bourrelets de fil poissé au bout du scion (fig. 55), on fait une boucle assez grande à l'extrémité du corps de ligne. On fait ensuite un nœud coulant au moyen de cette boucle, et on le serre au-dessous du deuxième bourrelet (fig. 101).

On enroule la ligne jusqu'auprès du bourrelet supérieur et on en forme une sorte d'anneau A (fig. 102). Prenant la ligne en B (fig. 102)

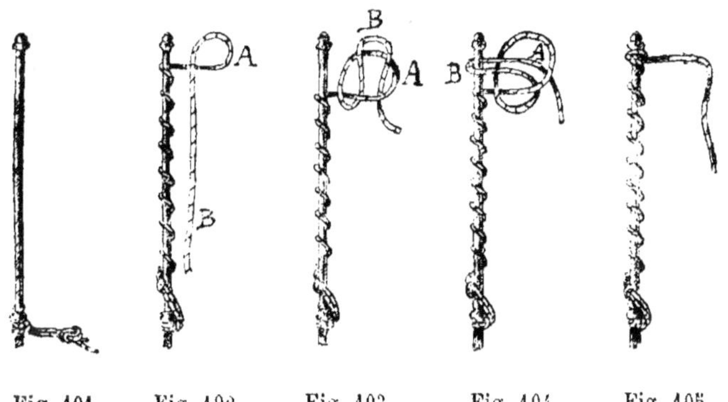

Fig. 101.   Fig. 102.   Fig. 103.   Fig. 104.   Fig. 105.

on la replie et on la fait passer dans l'anneau A de manière à former une boucle B (fig. 103). On passe cette boucle par-dessus l'extrémité du scion et on l'amène au-dessous du bourrelet supérieur (fig. 104). On tire sur la ligne pour fermer la boucle (fig. 105) et elle est alors solidement attachée.

Pour la détacher, il suffit de faire l'opération contraire.

Il reste encore à étudier quelques petits travaux spéciaux à diverses pêches. Ils seront décrits, avec figures, au fur et à mesure que l'occasion s'en présentera.

Quelques esprits chagrins trouveront peut-être que, dans les pages précédentes, j'ai poussé un peu loin mes explications. Je sais, par expérience, combien certains procédés, qui paraissent très simples aux initiés, sont compris difficilement par les profanes. Je sais aussi comment, et au moyen de quels nœuds, hélas! ces derniers montent leurs lignes et empilent leurs hameçons.

J'ai voulu que ces débutants, sans autre guide que ce modeste ouvrage, apprennent à faire tous les travaux qu'un pêcheur peut avoir à effectuer.

CHAPITRE III

LES AMORCES

De même que l'annonce est le nerf du commerce, l'amorce est le nerf de la pêche. C'est donc là une question importante et qu'on ne saurait passer sous silence dans un ouvrage qui vise surtout à être pratique.

On appelle amorce, en principe, toute substance que l'on dépose au fond de l'eau, à l'endroit où l'on veut pêcher, et qui a pour but d'attirer le poisson à cet endroit et de l'y retenir.

C'est, généralement, une pâte plus ou moins consistante, plus ou moins lourde et de composition plus ou moins complexe, suivant qu'on pêche en rivière ou en étang, en eau calme ou en eau courante, suivant aussi qu'on s'attaque à tous les poissons indifféremment ou à une espèce seulement.

En eau courante, l'amorce comprendra une certaine quantité d'argile bien propre, qui a pour effet de l'entraîner plus vivement au fond ; elle empêche encore la désagrégation trop rapide des diverses substances avec lesquelles on la mélange, et, de plus, en se délayant dans l'eau, elle produit une traînée blanchâtre ou rougeâtre — suivant la couleur de l'argile employée — qui intrigue les poissons, curieux comme de vulgaires humains, et les incite à remonter jusqu'au point où est déposée l'amorce et où ils seront retenus par les bonnes choses qu'elle contient.

Dans les rivières à courant très calme et à fond vaseux, on doit employer peu d'argile. Elle devient inutile et même nuisible en étang. Elle alourdit tellement l'amorce, en effet, que celle-ci ne tarderait pas à s'enfoncer dans la vase où elle disparaîtrait bientôt sans profit pour personne.

A défaut d'argile pure, qu'il n'est pas toujours facile de se procurer, et qui, d'ailleurs, se délaierait trop lentement, la terre des taupinières, recueillie dans les terrains argileux, est parfaite pour cet usage.

Les principaux produits qui entrent dans la composition de l'amorce sont, en première ligne, le pain de chènevis, le blé cuit, les asticots et les vers de terre qui forment la base de tout amorçage sérieux, et qui, convenablement mélangés dans les boulettes, peuvent servir à attirer tous les poissons.

On y ajoute souvent un grand nombre d'autres ingrédients : orge cuite, fèves cuites, pommes de terre cuites, pain de creton, pain trempé, farine, son, fromage râpé, sang desséché, boyaux de volailles, bouses de vache, crottin de cheval, etc.

Pain de chènevis. — Le pain de chènevis tire son nom de la graine de chanvre. C'est le tourteau que l'on obtient en exprimant la dite graine pour en faire de l'huile. Ce produit est un de ceux qui entrent le plus souvent dans la composition des amorces. Lorsqu'il est frais, il plaît à presque tous les poissons, et le pêcheur au coup ne pourrait guère s'en passer. Il est excellent pour faire venir les brêmes, gardons, chevesnes et hotus. Réduit en poussière, et jeté à la surface de l'eau, l attire l'ablette et la vandoise.

Blé cuit. — Le blé se fait cuire à feu doux, et, de préférence, dans une marmite de terre, devant un feu de bois dans une cheminée, sur le deuxième rond ou dans le four d'une cuisinière. Autant que possible, il ne faut pas ajouter d'eau pendant la cuisson, et, à cause de cela, il est bon d'en mettre en quantité suffisante dès le commencement.

Le blé doit être bien gonflé, mais non réduit en bouillie, et il faut le retirer dès que la peau des grains commence à crever.

On peut l'aromatiser en mettant dans l'eau où on le fait cuire une poignée de feuilles de menthe, ou de quelque autre plante aromatique, une pincée de semences d'anis, ou, ce qui vaut mieux, quelques étoiles d'anis étoilé, ou badiane, semences d'une plante qui pousse en Asie. On en trouve chez tous les pharmaciens. En été on fera bien d'y ajouter un peu de sel pour que le blé se conserve plus longtemps.

On peut encore, sur le blé cuit, verser quelques gouttes d'alcoolat d'anis, d'huile de chènevis, d'huile d'aspic, (ou essence de grande lavande), qu'on trouve également chez les pharmaciens. Les poissons aiment tout ce qui sent, et toutes les odeurs fortes, bonnes ou mauvaises, sont excellentes pour les attirer.

Le blé qui semble préférable pour cet usage est le blé Poulard, qui est gros et blanc. Cependant il est bon d'en faire cuire également du jaune, surtout lorsqu'on veut s'en servir comme appât, pour fixer à l'hameçon, parce qu'il arrive parfois que le poisson, capricieux comme une jeune fille, préfère ce dernier.

Asticots. — Les asticots, ou larves des mouches de viande, sont des plus utiles également pour amorcer. Leur emploi est presque indispensable.

Aux environs de Paris et dans les villes importantes, on trouve facilement des asticots chez tous les marchands d'articles de pêche. A la campagne, au contraire, il est quelquefois fort difficile de s'en procurer.

On peut en obtenir quelques-uns chez les bouchers, mais ces asticots sont rarement beaux. Ces honorables commerçants ne tiennent pas d'ailleurs, et pour cause, à en avoir beaucoup. On doit donc, lorsqu'on désire amorcer avec ces larves, auquel cas il en faut une grande quantité, chercher à s'en procurer par d'autres moyens.

On peut alors s'adresser aux équarrisseurs, lorsqu'il y en a dans les environs. Pour quelques sous, à la campagne, on en a chez eux autant qu'on en veut, et, lorsqu'on a soin de donner un léger pourboire aux employés de l'équarisseur — c'est même souvent la seule rétribution exigée — ils les mettent de côté, et les tiennent tout prêts pour le jour qu'on leur indique.

On peut même leur demander, et on obtient facilement cette faveur insigne en allongeant un peu le pourboire, de les mettre à l'avance dans de la sciure de bois qui les nettoie.

Ils ont ainsi un peu moins de valeur peut-être aux yeux des poissons, mais ils ne sont pas aussi répugnants à manier.

Enfin, lorsqu'on ne peut s'en procurer d'aucune façon, il ne reste plus à employer qu'un moyen héroïque : on les élève soi-même. Pour un pêcheur passionné, amoureux de son art et ayant le cœur bien placé, l'*asticoculture* n'est pas exempte de charmes.

Pour réussir, voici comment on peut procéder. Dans un coin de jardin, abrité de la pluie, dans un grenier ouvert, on suspend une tête de mouton, — ou tout autre morceau de viande, — entourée de tous côtés d'un grillage assez solide pour que les chiens et les chats n'y puissent toucher, mais à mailles assez grandes pour que les mouches y passent facilement. Sous le morceau de viande, on dépose un large pot de terre garni de sciure de bois.

On peut employer également un vieux garde-manger dans lequel on a substitué le grillage à la toile métallique, et qu'on suspend dans un coin de jardin.

Les mouches viennent alors pondre leurs œufs sur la tête de mouton, et, bientôt, éclosent les petits vers blancs, qui, avec l'appétit qui les caractérise, et laisse rêveurs les malheureux dyspeptiques, se mettent immédiatement à table.

Au bout de quelques jours, gras, rebondis, les asticots, tombent sur le lit moelleux de son ou de sciure de bois qu'on leur a préparé. Ils s'y nettoient et le pêcheur n'a plus qu'à les recueillir au fur et à mesure des besoins.

On peut également se procurer des asticots en hiver, mais c'est alors plus long et plus difficile qu'en été. On emploie encore pour cela, de préférence, une tête de mouton qu'on expose en plein air, au soleil, et à l'abri du vent.

Lorsque le temps est clair, même en hiver, les mouches vont et viennent, et elles ne tardent pas à venir pondre leurs œufs sur cette tête de mouton.

Lorsqu'on remarque, au bout de quelques jours ordinairement, ces amas de points blancs qui donneront des asticots, on dépose la tête dans un pot de terre qu'on place dans un endroit chauffé, une serre chaude par exemple, si l'on en possède une, dans une cave ou sous-sol, près d'un calorifère, à l'intérieur d'un tas de fumier chaud ou d'une couche chaude, car, maintenant, c'est la chaleur qui importe. On a bientôt de beaux asticots.

Lorsque les mouches ont pondu sur la tête du mouton, on peut d'ailleurs être sûr d'obtenir des larves sans toutes ces précautions, mais il faut alors beaucoup plus de temps.

Enfin, on a cherché — et trouvé — le moyen de conserver, pendant tout l'hiver, des asticots éclos de l'été précédent. Divers procédés ont même été indiqués.

En voici un, tout au moins, dont j'ai pu constater l'efficacité. A la fin de l'été, alors que les asticots commencent à devenir rares, on s'en procure quelques litres chez un équarrisseur. On les vide, à la cave, dans une grande caisse contenant du fumier de champignons. Lorsqu'on en a besoin, il suffit de prendre une certaine quantité de fumier et de trier les asticots. On en perd un grand nombre évidemment, mais on peut ainsi en conserver une certaine quantité pendant tout l'hiver.

Il est bon de se souvenir, lorsqu'on a besoin de transporter des asticots ou lorsqu'on désire en conserver chez soi, que le plus petit trou suffit à leur livrer passage. On ne doit donc les enfermer que dans des sacs en bon état, finement cousus à la machine. Un sac cousu à la main, à gros points, serait bientôt vide si on l'abandonnait seulement pendant une heure.

Il ne faut pas oublier non plus que les asticots humides, ou placés dans un pot de terre ou de métal humide, ne tardent pas à grimper jusqu'au sommet des vases qui les contiennent et à s'échapper. Il importe donc de ne mettre dans un récipient ouvert que des asticots bien séchés dans le son ou la sciure de bois, et il faut, avant de les y verser, essuyer soigneusement les parois intérieures de ce vase. Par les temps humides, il convient de les surveiller et de fermer hermétiquement ledit vase si l'on s'aperçoit que les larves parviennent à grimper le long des parois.

On peut leur jeter de temps en temps quelques petits poissons dont ils se nourrissent et qui les entretiennent un peu plus longtemps.

Vers de terre. — Les vers de terre ou de terreau sont également très employés pour amorcer. La carpe, la grosse brême, le gros gardon, la perche, la tanche sont attirés par cette amorce.

On trouve ces vers dans les parties de terre humides ou dans le terreau. Il est préférable de les couper en morceaux.

Lorsqu'il fait sec depuis longtemps, il est quelquefois très difficile de se procurer des vers de terre. On a préconisé divers moyens pour cela. On peut par exemple, arroser la terre avec une grande quantité d'eau salée. C'est là, sans doute, un breuvage qui ne convient pas à ces intéressants annélides, car ils fuient éperdument dans toutes les directions. On n'a plus alors qu'à faire son choix. On peut aussi, paraît-il, employer dans le même but une décoction de feuilles de noyer.

Il suffit aussi, pour être certain d'en avoir à volonté, d'étaler sur le gazon, dans un endroit frais et humide et aussi abrité du soleil que possible, quelques tuiles ou une toile grossière, une vieille toile à sac par exemple, en ayant soin d'arroser copieusement cette toile pendant les chaleurs. Lorsqu'on veut des vers pour amorcer, il n'y a littéralement qu'à se baisser pour en prendre.

Orge cuite, fèves cuites. — L'orge et les fèves se font cuire de la même façon que le blé. On peut également les aromatiser comme on le fait pour le blé. L'orge est employée comme amorce lorsqu'on veut attirer la brême. Les fèves conviennent particulièrement pour les carpes, qui en sont très friandes.

De même que le blé, on les utilise également pour mettre à l'hameçon.

Pommes de terre cuites. — Les pommes de terre, cuites à l'eau, doivent être écrasées avant d'entrer dans la composition des boulettes d'amorce. Elles sont très avantageuses parce qu'elles coûtent peu et qu'on s'en procure facilement partout.

Pain de creton. — Le pain de creton est un produit qui

reste au fond des chaudières lorsqu'on fait l'affinage des suifs, et qui est comprimé à la presse. Il est excellent pour amorcer les poissons blancs.

Pain trempé. — Le pain trempé, employé dans la confection des amorces, doit être mis à tremper la veille, ou tout au moins quelques heures avant de s'en servir. On le presse fortement, pour en exprimer l'eau, avant de l'ajouter aux autres ingrédients qui entrent dans la composition des boulettes. Il est excellent pour la carpe, la brême, le gardon.

Farine. — La farine, délayée avec un peu d'eau, est employée en étang lorsqu'on ne se sert pas de terre glaise. On en forme une pâte dans laquelle on introduit les autres substances destinées à amorcer, pain, son, pommes de terre cuites, miel, etc. On peut encore en ajouter un peu aux boulettes ordinaires, à base d'argile.

Son. — Le son, qui coûte peu et qu'il est facile de se procurer partout, rend de grands services au pêcheur. Il entre dans la composition de toutes les boulettes d'amorces.

En étang, à défaut d'autre amorçage, le son simplement mouillé, qui coule immédiatement à fond, attire les poissons blancs.

On peut également le mélanger au pain trempé. Dans ce cas, on dépose au fond d'une cuvette une certaine quantité de pain trempé et dont l'eau a été bien exprimée. On y ajoute du son, poignée par poignée, et l'on arrive ainsi, grâce sans doute au peu de farine que contient encore le son, à confectionner des boulettes assez consistantes qui peuvent même être employées dans les rivières à cours très lent.

On peut, bien entendu, ajouter d'autres produits à ces boulettes, mais, telles qu'elles sont, elles rendent de grands services et présentent l'immense avantage de pouvoir être confectionnées en quelques minutes — le pain, à la rigueur, pouvant être détrempé à l'eau chaude et en tous lieux, le son se trouvant partout, à la ville chez les grainetiers, à la campagne, chez les paysans.

Jeté sec à la surface de l'eau, le son attire très bien les ablettes et vandoises.

Fromage. — Plus le fromage est vieux, meilleur il est pour amorcer.

Le vieux gruyère est certainement le plus recherché. On l'emploie râpé et mélangé aux autres produits. Le barbeau surtout est attiré par cette amorce.

Dans le Nord, où il existe un grand nombre d'usines, et où il est fait une énorme consommation de houille, on emploie, pour amorcer le barbeau, un procédé qui ne manque pas d'originalité. On prend pour cela des quartiers de mâchefer, dont la surface est habituellement fort rugueuse, et on frotte cette surface avec de vieux morceaux de gruyère. Des particules de ce fromage sont alors détachées et pénètrent dans les cavités du mâchefer. On jette celui-ci à l'eau, et lorsque le barbeau, attiré par l'odeur, s'escrime pour détacher ces particules, le malin pêcheur lui fait passer devant le nez un hameçon esché d'un beau cube de gruyère bien ramolli dans du lait, auquel il se laisse prendre d'autant plus facilement que les menus hors-d'œuvre qu'il vient d'absorber lui ont ouvert l'appétit.

Sang desséché. — Pour le chevesne, le sang est une amorce irrésistible. Malheureusement, il n'est pas toujours facile de s'en procurer. Aussi vend-on, dans les bonnes maisons d'articles de pêche, des boites de sang desséché qui représentent 4 ou 5 fois leur poids de sang frais. Lorsqu'on veut s'en servir, on en mélange quelques pincées aux boulettes que l'on prépare, et ce poisson ne tarde pas à remonter sur le coup.

Boyaux de volailles. — Les entrailles de volailles, découpées en morceaux, sont également fort appréciées de la gent aquatique et particulièrement du chevesne, qui est bien le plus goulu de tous les poissons d'eau douce. Leur emploi, malheureusement, est assez répugnant.

Bouses de vaches. — Les bouses de vaches, les belles bouses de vaches dorées et appétissantes dégagent un parfum *sui generis*, qui, sans doute, affecterait très désagréablement le nerf olfactif des belles abonnées de l'Opéra. Il est, au contraire, très recherché des poissons qui ne repoussent pas non plus — loin de là — les insectes vivant à l'intérieur de ces larges pâtés que les ruminants abandonnent si libéralement sur leur passage. Quelques-unes de ces bouses, mélangées aux autres amorces, augmentent donc incontestablement leur attrait.

Crottin de cheval. — Quoique moins appréciées des poissons que les précédentes, les déjections du cheval ne sont pas non plus à dédaigner. Comme les bouses de vaches, elles attirent surtout les chevesnes.

La menthe et l'ail, hachés ou écrasés, peuvent également être introduits dans les boulettes d'amorces.

Toutes les odeurs fortes plaisant aux poissons, on peut ajouter à tout ce qui a été dit ci-dessus le musc, dont l'emploi reviendrait un peu cher, l'assa-fœtida, le cumin pulvérisé et, voire, l'iodoforme, qui sont utilisés quelquefois par certains pêcheurs et mélangés, en petite quantité naturellement, aux ingrédients ci-dessus.

Préparation de la boulette.

Dans la majorité des cas, le pêcheur en rivière, le débutant surtout, s'attaque à toutes les espèces de poissons. Il arrive quelquefois, cependant, qu'il n'a en vue que la capture d'une seule espèce.

Suivant qu'il s'attaque à telle ou telle espèce de poisson, ou qu'il se propose de pêcher indistinctement toutes celles que la rivière peut contenir, il modifie la composition de son amorçage, n'employant que quelques-uns des produits ci-dessus lorsqu'il veut se spécialiser, les utilisant tous, ou du moins tous ceux qu'il peut se procurer, lorsqu'il s'attaque à toutes les espèces.

L'amorçage peut se faire à la maison ou au bord de l'eau. Cette seconde manière de procéder est toujours préférable lorsqu'on est sûr de trouver de la glaise près de la rivière, parce qu'on n'a pas ainsi à transporter la terre, plus lourde à elle seule que tout le reste de l'amorçage.

On débarrasse complètement cette terre de toutes les impuretés : paille, herbes, cailloux, qu'elle peut contenir, on l'humecte avec un peu d'eau — très peu — (c'est généralement le défaut des débutants d'en mettre trop) et on pétrit soigneusement le tout.

On y verse ensuite, et successivement, en pétrissant à chaque fois, une certaine quantité de blé cuit, du pain de chènevis, concassé en morceaux de la grosseur d'un pois, du pain trempé de la veille, et bien égoutté, du son, des pommes de terre cuites, etc., etc.

Le tout, bien entendu, en quantité plus ou moins grande, suivant l'importance de la rivière et le nombre de poissons qu'elle peut contenir. Dans un fleuve, comme la Seine ou la Loire, et dans les parties les plus poissonneuses, on peut amorcer avec des seaux de blé cuit et des pains de chènevis entiers. Dans un petit cours d'eau, peu profond et large de quelques mètres seulement, un demi-litre de blé cuit, une livre de pain de chènevis, suffiront pour attirer le poisson et le retenir.

Lorsque le tout est bien mélangé, on en fait des boulettes de la grosseur d'une belle orange. Dans les rivières à courant rapide, il est bon de les aplatir un peu si l'on veut éviter que le courant les roule sur le fond et les entraîne au loin.

Si l'on fait toute cette préparation au bord de l'eau, il est préférable de se munir d'une toile cirée, de qualité inférieure, spécialement affectée à cet usage. Il est souvent difficile, en effet, de trouver sur la berge une place propre, et les journaux que l'on emploie quelquefois pour cet usage, se déchirant et se collant aux boulettes, font plutôt de celles-ci des épouvantails à poissons que des amorces.

Quelques pêcheurs ont l'habitude de faire leurs boulettes à la maison et de les mettre au four lorsqu'elles sont terminées. Dans ce cas, évidemment, on n'y introduit ni vers, ni asticots. Elles acquièrent alors de la dureté, et, se délayant très difficilement dans l'eau, constituent un amorçage à longue portée qui n'attire les poissons que lentement, mais les retient plus longtemps sur le coup.

Lorsqu'on veut mettre des asticots dans des boulettes, et cela est très recommandable, car beaucoup de pêcheurs — et je suis du nombre — estiment que rien ne leur est supérieur, aussi bien pour amorcer que pour mettre à l'hameçon, il ne faut le faire qu'au moment de jeter les boulettes à l'eau.

Si l'on agissait autrement, on ne tarderait pas à voir les larves s'échapper de leur prison.

On emploie deux procédés pour amorcer au moyen des asticots. On peut verser ceux-ci sur l'amorçage complet, bien mélanger le tout, et en faire des boulettes qu'on emploie tout de suite.

Dans ce cas, on est forcé de lancer immédiatement toute l'amorce dont on dispose. Lorsqu'on veut, au contraire, conserver quelques boulettes pour amorcer de temps en temps, il est préférable d'agir autrement.

Au moment de jeter chaque boulette, on la creuse d'un coup de pouce, on y introduit une bonne pincée d'asticots et on la pétrit à nouveau pour les enfermer avant de l'envoyer au sein des flots.

Beaucoup de pêcheurs préfèrent le premier procédé, bien qu'il soit plus répugnant, parce qu'il mélange mieux les asticots à la pâte. Le second, cependant, donne également de fort bons résultats.

Lorsque les boulettes sont terminées, on les jette de telle façon que, le courant aidant, elles viennent reposer sur le sol de la rivière, à l'endroit même où l'on veut pêcher.

On peut, en les lançant, les espacer de telle façon qu'elles garnissent une certaine surface au-dessus de laquelle on promènera la ligne. On peut encore les jeter d'une rangée, dans le sens de la rivière, de manière que l'hameçon, garni de son appât, passe auprès de ces boulettes lorsqu'il sera entraîné par le courant.

L'amorçage peut se faire la veille ou le matin de bonne heure. Il faut compter environ deux heures pour qu'il commence à produire son effet.

Lorsque la terre est très délayée, l'amorçage est plus prompt, mais son effet persiste moins longtemps. Lorsqu'elle est très compacte, c'est évidemment le contraire qui se produit.

CHAPITRE IV

ESCHES OU APPATS

On appelle esches ou appâts tout ce que l'on met à l'hameçon pour faire mordre le poisson.

Les appâts sont naturels ou artificiels. Les appâts naturels sont empruntés au règne animal et au règne végétal. Nous passerons en revue les principaux.

Appâts d'origine animale.

L'Asticot.

Au premier rang des appâts se place l'asticot, qui constitue d'autre part, ainsi qu'il a déjà été dit, l'une des meilleures amorces qu'on puisse employer. En effet, l'asticot convient à presque tous les poissons. Le gardon, la brême, le hotu, que beaucoup prennent au blé, mordent fort bien à l'asticot. Il en est de même de la truite, de la perche, du goujon, qui, bien que préférant généralement le ver de terre et le ver de vase, ne le dédaignent pas lorsqu'il passe à leur portée.

Il a été question, au chapitre des amorces, de la production des asticots. Il est donc inutile d'y revenir ici.

Pour fixer l'asticot à l'hameçon, on pique celui-ci en travers, du côté de la queue, qui est la partie la plus grosse, et le plus près possible de l'extrémité (fig. 106). Il faut avoir des hameçons bien pointus, afin qu'ils pénètrent facilement.

Dans le cas contraire, lorsqu'on éprouve de la difficulté à traverser la peau de l'asticot, on est obligé de forcer, et il arrive souvent que la larve se vide. Elle n'a plus alors aucune valeur.

On peut mettre à l'hameçon, suivant sa grosseur et la taille du poisson qu'on désire capturer, de un à six asticots — et même davantage dans quelques cas (fig. 107). — Avec un petit hameçon et un seul asticot, on prend les petits poissons : ablettes, vérons, etc. ; avec un hameçon plus gros, n° 10 à 14, et trois à six asticots, on peut capturer des poissons de plusieurs livres : gardons, hotus, brêmes, chevesnes, etc.

Il est très important de changer souvent les asticots qui sont au bout de la ligne. C'est généralement lorsqu'on vient d'en mettre de nouveaux qu'on a les plus belles touches. Même lorsqu'ils n'ont pas été sucés et qu'ils sont encore bien frétillants, ils sont lavés et ont perdu beaucoup de leur attrait après un court séjour dans l'eau.

Vers de vase.

Dans les étangs, les marais, les cours d'eau à fonds bourbeux, on trouve, mélangés à la vase, ces petits vers de couleur rouge, qui sont excellents pour la pêche et n'ont que le défaut d'être trop fragiles. On les appelle vers de vase.

Le ver de vase, de même que l'asticot, attire presque tous les poissons. Il est malheureusement très difficile à escher. Il faut employer des hameçons très fins d'acier, et très petits, du n° 14 au plus et même des n°s 15, 16, 17 et 18. Comme pour l'asticot, et pour toutes les esches d'ailleurs, ces hameçons doivent être bien pointus. On aura donc soin de les aiguiser, sur une pierre fine, avec un peu d'huile.

Pour se procurer des vers de vase, on recueille un peu de cette boue qui tapisse le fond des étangs et des marécages. On la délaie dans une petite quantité d'eau, puis on verse le tout doucement sur une passoire fine. Les vers restent dans la passoire. On les conserve dans une boîte, entre des flanelles humides. On emploie beaucoup cet appât aux environs de Paris.

Vers de terre.

Les vers de terre, de même que les asticots, ont été étudiés au chapitre des amorces. Il convient de rappeler seulement que, lorsqu'ils doivent être mis à l'hameçon, il est essentiel que ces vers soient bien fermes. Pour cela, il faut les recueillir au moins huit jours à l'avance. On les conserve, pendant tout ce temps, dans un mélange de mousse humide et de marc de café. La veille du jour où l'on pêche, on les dépose dans une boîte contenant un peu de son légèrement humide. Le lendemain, ils sont gros et dodus, fort appétissants, et leur peau étant devenue très ferme, le poisson qu'ils ont tenté est forcé de les avaler en entier et de se faire prendre à l'hameçon.

La meilleure façon de fixer le ver à l'hameçon semble être celle-ci : On le pique au-dessous de la tête et on le fait glisser le long de cet hameçon (fig. 108) en ayant soin, pour plus de solidité, de faire ressortir la pointe et de la repiquer de nouveau à deux ou trois reprises. Il est inutile d'employer de trop gros et de trop grands vers. Ceux qui sont rouges et ont la tête noire sont les plus appréciés.

Les meilleurs hameçons, lorsqu'on emploie le ver comme appât, sont les hameçons à grande courbure ronde. Pour la truite, la perche, on emploie souvent des tackles composés de deux ou trois hameçons fixés l'un près de l'autre sur la même racine. On attache la tête du ver dans l'hameçon supérieur, et, après l'avoir fait tourner autour de la racine, on le pique dans les autres hameçons.

Il faut toujours, bien entendu, proportionner la taille du ver au poisson visé et à l'hameçon employé. Les vers moyens, de 6 à 8 centimètres, sont les meilleurs.

Ver d'eau, Cherfaix, Portebûche, Portefaix.

Un autre appât très estimé du poisson est le ver d'eau, appelé encore cherfaix, portebûche ou portefaix. Il est particulièrement apprécié du gardon, mais les autres espèces, y compris la truite, le recherchent également. De même que le ver de vase, c'est la larve d'un insecte. On le trouve sur le bord des ruisseaux et des rivières.

Pour le recueillir, on ramasse, au fond de l'eau, ces brindilles qui ressemblent, à s'y méprendre, à de petites branches pourries. En les examinant attentivement, on y remarque des sortes de petits cylindres composés d'écorces, de petits graviers de rivière fins comme du sable, d'herbes, etc.

En ouvrant avec précaution ces petits cylindres, on trouve à l'intérieur une sorte de ver que l'on fixe à l'hameçon en introduisant celui-ci dans le ventre et en faisant ressortir la pointe derrière la tête. Cet hameçon peut être du n° 10 à 12.

On garde ces vers assez longtemps vivants, à condition de les laisser dans leurs étuis, et de conserver ceux-ci à la cave dans un linge maintenu toujours humide. On les extrait de leur prison au fur et à mesure des besoins.

Ver à queue.

Le ver à queue (fig. 110) est une larve infecte qu'on trouve en grande quantité dans les conduits où s'écoule l'urine, ainsi que dans les puisards qui recueillent les eaux de cuisine. Ils ne se conservent pas longtemps et sont employés surtout pour la pêche du barbeau.

Ver de farine.

Beaucoup plus propre est le ver de farine qu'on trouve chez les boulangers, et qui se conserve facilement dans de vieux chiffons contenant un peu de farine. Cet appât donne d'excellents résultats.

Crevettes d'eau douce.

On trouve encore, dans les eaux, différents appâts dont quelques-uns sont très estimés, et les crevettes d'eau douce, notamment, qui vivent près des sources, sont très recherchées des poissons carnassiers.

La mouche.

La vulgaire mouche de maison, si insupportable en été à la campagne, est l'un des meilleurs appâts pour presque tous les poissons de surface aussi bien que de fond. Le chevesne, la truite, le gardon, en sont très friands. On doit l'employer vivante, en piquant l'hameçon — d'un petit numéro — sur le dos, et en faisant ressortir l'ardillon en arrière de la tête (fig. 111).

On peut aussi, pour le chevesne surtout, pêcher avec un hameçon triple d'un petit numéro, 14 ou 15, esché de trois mouches qui le dissimulent entièrement. Si l'on a soin de ne pas se faire voir, aucun chevesne ne résiste à cet appât.

Sauterelle.

On emploie également, pour la pêche à la surface, les sauterelles qui vivent en grand nombre dans les prés, et dont on peut s'emparer assez facilement. On les fixe à l'hameçon de la même manière que les mouches (fig. 112). Tous les poissons de surface, tous les poissons carnassiers, mordent à cet appât.

Une foule d'autres petits animaux sont employés encore comme esches. Je citerai les hannetons, vers blancs, chenilles, limaces, guêpes, grillons, cancrelats, etc. Tous sont bons lorsqu'ils sont bien présentés et que le poisson est en mordage.

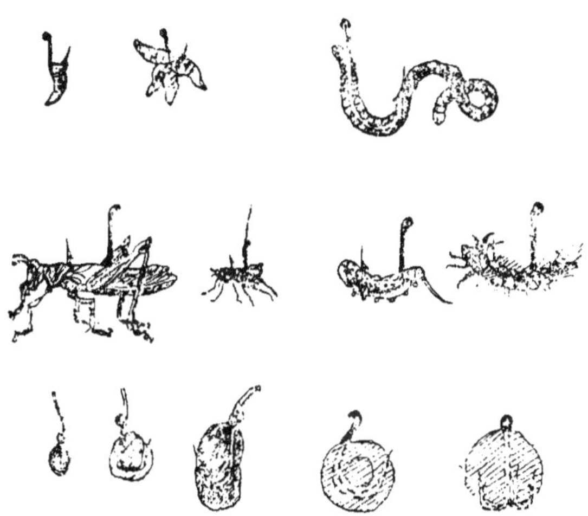

Fig. 106, 107, 108, 109, 110, 111, 112, 113, 114, 115, 116, 117.

Sang caillé, boyaux, cervelle.

Le sang caillé est un excellent appât pour le chevesne. Il est assez difficile de le fixer à l'hameçon. On peut se le procurer chez les bouchers, et, en ayant soin de le presser fortement entre deux planches, on lui donnera un peu plus de consistance.

Les boyaux de poulet, découpés en morceaux, sont également très estimés du même poisson qui, quoique défiant, est gros mangeur et peu difficile. Il en est de même de la cervelle, et surtout de la cervelle de mouton, plus consistante, qui donne de très bons résultats. Pour toutes ces esches, il est préférable d'employer un petit hameçon triple qui les retient mieux.

Appâts végétaux.

Parmi les appâts d'origine végétale, on remarque surtout le blé, l'orge et les fèves. Nous avons vu plus haut comment il fallait faire cuire ces grains et comment on pouvait les aromatiser, — très légèrement, — au moment même de la cuisson.

Il faut, naturellement, employer un hameçon proportionné à leur grosseur, n° 13 ou 14 pour le blé et l'orge, beaucoup plus gros pour la fève (fig. 113), qui est l'appât de prédilection de la carpe, et dans laquelle l'hameçon doit être dissimulé complètement.

Il en est de même d'ailleurs pour le blé et pour l'orge. Les grains destinés à être mis à l'hameçon ne doivent être ni trop cuits, ni pas assez, et on doit préférer ceux qui commencent à peine à s'ouvrir, car ce sont ceux-là que le poisson recherche le plus avidement.

On introduit la pointe de l'hameçon par la partie la plus fine, et on tourne cet hameçon à l'intérieur du grain jusqu'à ce que la pointe ressorte sur l'un des côtés (fig. 114). Personnellement, lorsque cette pointe apparaît, je continue à tourner un peu, de manière à la bien dégager, ainsi que l'ardillon, puis, tournant en sens contraire, je la fais rentrer dans le grain qu'elle affleure simplement, de façon que, bien qu'invisible, on la sente du bout du doigt. En procédant ainsi, on est certain que l'hameçon, à la moindre touche du poisson, sortira facilement du grain pour s'implanter dans les chairs du gourmand.

On met quelquefois deux grains de blé à l'hameçon. Dans ce cas, perçant le premier de part en part, on le fait remonter le long du fil d'empile, crin ou racine, à quelques centimètres au-dessus de l'hameçon. On fixe ensuite le second grain de blé comme il vient d'être dit puis on fait redescendre le premier doucement jusqu'à ce qu'il touche le second, et de manière qu'il cache le haut de l'hameçon.

Lorsqu'on veut pêcher de belles pièces, toujours plus gourmandes et en même temps plus méfiantes, ce second procédé est plus avantageux.

Parmi les appâts appartenant au règne végétal, on peut encore citer les raisins, cerises, prunes, employés exclusivement pour la pêche du chevesne. Il faut, bien entendu, se servir d'un hameçon proportionné à la grosseur du fruit, dans lequel on l'introduit avec précaution, en contournant le noyau, jusqu'au moment où la pointe se fait sentir sur le doigt (fig. 115).

On peut aussi, avec ces esches, employer l'hameçon triple. Dans ce cas on extrait le noyau, sans abîmer le fruit. Au moyen d'une fine aiguille à amorcer, on fait passer le fil d'empile au travers et on tire jusqu'à ce que les trois branches de l'hameçon soient implantées dans le dit fruit, où elles sont dissimulées (fig. 116). On rattache ensuite l'empile au bas de la ligne. Il est bon, dans ce cas, d'employer un petit émerillon qui permet de détacher et de rattacher rapidement le fil d'empile, auquel on a fait une boucle, au reste de la ligne.

Pâtes.

Les pâtes sont excellentes, et, dans quelques eaux, donnent des résultats surprenants. Il en existe une foule de recettes. Presque toutes sont à base de mie de pain.

Le pain de chènevis réduit en poussière, le fromage de gruyère ramolli dans du lait, le miel, le suif, la farine de seigle, les pommes de terre cuites, le beurre ou l'huile — en petite quantité — entrent généralement dans la composition des pâtes.

L'ail écrasé, l'extrait d'absinthe, la poudre de cumin, l'assa-fœtida, les alcoolats de menthe et d'anis, l'essence de grande lavande, plus connue sous le nom d'huile d'aspic, l'huile de chènevis, peuvent être employés, sans excès, pour les aromatiser.

Le carmin, le safran, servent quelquefois à les colorer.

La mie de pain employée seule, bien pétrie jusqu'à consistance de pâte molle, donne également de bons résultats.

La mie de pain, pétrie avec du suif et un jaune d'œuf est aussi très employée. On peut l'aromatiser avec diverses essences.

Les pâtes contenant du gruyère sont appréciées surtout du barbeau. La carpe recherche l'odeur du miel et de la menthe. Avec la pâte contenant du suif, on pêche presque tous les poissons, et même la truite.

J'ai pris beaucoup de gardons en étang avec une pâte composée comme suit : gros comme un œuf de mie de pain du jour, bien détrempée à l'eau pure, puis essorée. J'y ajoutais une cuillerée de sucre en poudre ou de miel, quelques gouttes d'alcoolat d'anis, et une très légère pincée de safran, pour donner à la pâte une belle teinte jaune.

Cette pâte, comme toutes les pâtes d'ailleurs, doit être de consistance molle. C'est pourquoi, avec elles, il ne faut pas pêcher en traînant sur le fond. Elles doivent se décrocher au moindre ferrage, et ceci est un avantage, car les boulettes qui tombent ainsi servent d'amorce. De plus, le poisson, voyant que la boulette ne fuit pas avec l'hameçon, finit par la prendre avec confiance, et il est rare qu'ainsi on ne fasse pas de belles pêches.

Pour préparer les boulettes, il est indispensable d'avoir les mains très propres et exemptes de toute odeur, de tabac surtout. On dissimule l'hameçon le plus possible à l'intérieur de la boulette (fig. 117).

Pain.

Le pain peut être encore employé à l'état naturel. Prenant de la croûte de dessus, dans les gros pains fendus, on lui donne une épaisseur de quelques millimètres. Au moyen d'un couteau bien tranchant, on la découpe en petits cubes dans lesquels on introduit l'hameçon.

On peut également employer la mie à l'état naturel en prenant ces sortes de cloisons qui séparent les vides du pain, et dans lesquelles on pique simplement l'hameçon à plusieurs reprises.

La brème, le gardon, la carpe, mordent à ces appâts, qui sont très employés dans certaines rivières et donnent de fort bons résultats.

Fromage de gruyère.

Les vieux déchets de fromage de gruyère sont très estimés du barbeau. On peut les lui présenter à l'état naturel sous forme de petits cubes ramollis dans du lait. Lorsqu'on pêche avec hameçons simples, on dissimule l'hameçon dans le cube. Avec petit hameçon triple on introduit l'empile jusqu'au centre du petit cube qui est ramolli, puis tirant sur cette empile, on implante les trois branches de l'hameçon dans la partie inférieure de ce cube. On peut aussi, après les avoir triturés, les mélanger à de la mie de pain et à de la farine comme il a été expliqué au chapitre des pâtes. Plus le fromage de gruyère est vieux et a d'odeur, meilleur il est.

Noquettes.

On vend aujourd'hui, dans toutes les maisons de pêche, un appât connu sous le nom de noquette. C'est une sorte de boule ronde, plus

ou moins grosse, traversée en son milieu d'un fil dont les extrémités
sont rattachées sur la boulette, et formée d'une pâte composée des
substances les plus appréciées du poisson. On passe l'hameçon sous le
fil, et on pêche ainsi, l'hameçon restant à découvert. Quoique les marchands d'articles de pêche en disent le plus grand bien, je n'ai, personnellement, jamais réussi beaucoup avec cet appât, ce qui, je me hâte
de le dire, n'empêche qu'il puisse être bon dans certaines rivières,
lorsque le poisson y est habitué.

Le vif.

On appelle vif le petit poisson vivant fixé à l'hameçon qui peut être
simple, de grosse taille, ou double, et qui sert à capturer les poissons
carnassiers.

Le vif peut être un véron, un goujon, une ablette, un petit gardon,
une petite vandoise, un petit chevesne, un carpillon, etc. Dans les eaux
troubles, il est préférable d'employer un vif de couleur brillante : gardon, ablette, brême, vandoise, etc. Dans les eaux claires, le véron, le
goujon, le carpillon, conviennent parfaitement.

En hiver, lorsqu'on ne peut se procurer facilement ces poissons, on
peut escher avec un petit poisson rouge.

Le vif doit être proportionné à la taille du poisson que l'on veut
prendre. Le véron, le goujon, sont excellents pour la truite, la perche
et le chevesne, et très bons pour le petit brochet. Les autres vifs, généralement de plus grande taille, peuvent servir à capturer les gros brochets.

Ce poisson est tellement vorace, d'ailleurs, qu'il se nourrit de la chair
de ses congénères, et, à défaut d'autre vif, on peut fort bien prendre
des gros brochets en employant des petits comme appâts.

Pour fixer le vif à l'hameçon, il existe une foule de procédés. Il ne
sera question ici que de ceux qui sont les plus employés et qui sont
considérés comme les meilleurs.

Lorsque, comme vif, on emploie un véron ou un petit goujon, il est
préférable de se servir d'un hameçon simple de forme carrée, du
numéro un par exemple, monté sur une corde à guitare.

On peut également, pour truite, perche ou chevesne, le monter sur
racine forte de la manière ordinaire.

Pour fixer le vif à l'hameçon, le meilleur procédé, à mon point de vue,
est de traverser les deux lèvres du poisson (fig. 118). Il faut n'employer
qu'une faible plombée, et, par conséquent, un bouchon léger.

L'appât reste ainsi vivant fort longtemps, se démène comme un beau diable et finit par attirer un poisson carnassier.

Lorsque l'appât est plus gros, ce moyen serait insuffisant. Dans ce cas on emploie un hameçon double, ou bricole, monté sur corde à guitare, sur chaînette de cuivre, sur fil de cuivre ou d'acier souples.

Voici le procédé que je préfère :

Employant un hameçon tout monté, ordinairement sur corde à guitare bouclée, j'introduis la boucle de l'empile dans le mousqueton de l'aiguille à amorcer. Prenant le poisson de la main gauche, je pique l'aiguille sur le milieu du dos, en arrière de la tête, et je la fais glisser sous la peau, jusqu'à la nageoire dorsale (fig. 119), où je la fais

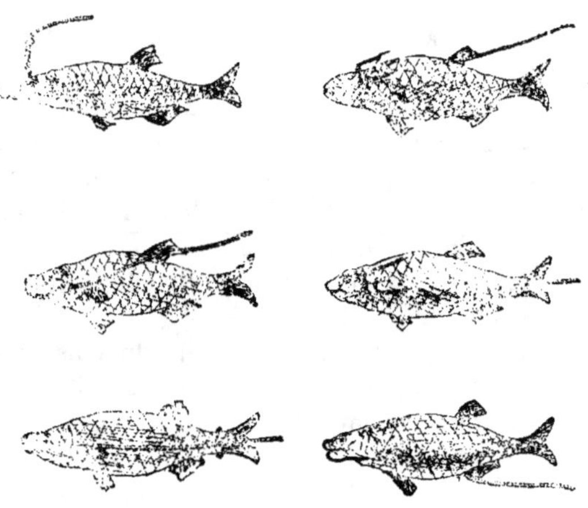

Fig. 118, 119, 120, 121, 122, 123.

ressortir, entraînant à sa suite la corde à guitare et les branches de l'hameçon double, qui se trouve fixé en arrière de la tête, les deux pointes tournées en arrière, et dépassant légèrement la surface de la peau.

Il ne reste plus qu'à retirer l'aiguille et à accrocher l'empile à un émerillon fixé à l'extrémité de la ligne. Le petit vif, très peu blessé de cette manière, reste vivant fort longtemps.

Il est encore, cependant, d'autres procédés pour escher le vif. Quelques pêcheurs se contentent d'introduire le fil d'empile par la bouche du poisson, et, après l'avoir fait ressortir par l'une des ouïes, le tirent jusqu'à ce que l'hameçon affleure les lèvres. Ce procédé est peu recommandable, car le poisson, étant forcé de nager la bouche ouverte ne tarde pas à perdre ses forces.

D'autres, après avoir fait passer le fil d'empile comme il vient d'être dit, lui font traverser la nageoire dorsale (fig. 120) au moyen d'une aiguille à amorcer ou l'attachent près de la queue avec un peu de fil (fig. 121). D'autres encore, après avoir introduit dans la bouche du poisson une empile assez rigide, la poussant doucement, la font ressortir par l'anus (fig. 122) et tirent jusqu'à ce que l'hameçon soit arrêté par la bouche du poisson. Ils prétendent qu'ainsi le vif ne souffre pas trop. Je ne suis pas curieux, mais, c'est égal, je voudrais bien les voir harnachés de cette façon.

D'autres enfin, au moyen d'une aiguille à amorcer, font passer le fil d'empile sous la peau, non sur le dessus du corps, mais sur le côté (fig. 123).

Tous ces systèmes, et quelques autres encore dont je n'ai pas parlé, ont leurs partisans. Je les ai essayés tous, et, si quelques-uns sont bons, aucun, à mon humble avis, n'est supérieur aux deux premiers que j'ai indiqués, l'un pour hameçon simple, l'autre pour hameçon double.

Avec ces hameçons il faut attendre pour ferrer que le brochet ait avalé complètement le poisson appât, et l'hameçon dans ce cas se trouve accroché dans l'estomac ou les intestins du vorace, ce qui le fait cruellement souffrir. Il n'en est pas de même lorsque le vif est attaché à un tackle à vif, composé de plusieurs hameçons ; le tackle, généralement, blesse fort peu le poisson qui évolue librement et longtemps, et les hameçons étant disposés de chaque côté du vif, le brochet qui mord peut être ferré aussitôt, et est pris le plus souvent par la langue ou les lèvres. Ce procédé est donc moins cruel que le précédent. Il permet, en outre, de rejeter à l'eau le poisson capturé lorsque celui-ci est trop petit.

Quel que soit, d'ailleurs, l'hameçon que l'on emploie, il faut naturellement opérer le plus vite possible. Le poisson n'est pas plus à son aise dans l'air que nous ne le serions sous l'eau, et cette souffrance, jointe à celle que lui occasionnent les blessures qu'on lui fait, ne tarderait pas à le faire périr si l'on n'agissait promptement.

Il est nécessaire également, lorsqu'on veut pêcher au vif, de se munir d'un seau spécial à couvercle percé de trous pour transporter le poisson vivant. Ce seau, quelquefois, est formé de deux parties s'emboîtant l'une dans l'autre. Le seau extérieur, naturellement, est plein, les parois latérales et le fond du seau intérieur, au contraire, sont perforés. Lorsqu'on veut se saisir d'un poisson, il suffit de soulever la partie intérieure. L'eau s'écoule, et on prend facilement le vif que l'on désire. En replaçant ce seau intérieur, il se remplit à nouveau, et les poissons se remettent à nager.

Toutes les fois qu'on ne s'en sert pas, il est bon de maintenir dans l'eau le seau bien fermé et attaché à une corde. Le poisson se conserve ainsi beaucoup plus longtemps. On verra plus loin, au chapitre spécial au brochet, comment on doit aérer l'eau des seaux dans lesquels on conserve les vifs.

Appâts artificiels.

En dehors de toutes ces esches, il existe encore des mouches artificielles, insectes artificiels, poissons d'étain, poissons artificiels, cuillers, tackles amorcés d'un poisson mort. Tous ces appâts ont été étudiés au chapitre du matériel. Le chapitre relatif aux différents genres de pêche indique comment il faut les employer.

CHAPITRE V

DIFFÉRENTS GENRES DE PÊCHE A LA LIGNE

La pêche au coup est assurément la plus répandue de toutes les pêches. C'est celle que les débutants pratiquent d'instinct lorsqu'ils commencent à se livrer à ce sport si plein de charmes.

Elle consiste à pêcher, sans changer de place, en un endroit choisi et bien amorcé pour y attirer le poisson.

Le choix d'un bon emplacement est de la plus haute importance.

Tel amorçage, qui donne d'excellents résultats lorsqu'il est déposé à l'endroit propice, sera gâché en pure perte s'il est jeté au hasard.

Le pêcheur au coup devra reconnaître, à la seule inspection de la rivière, et particulièrement dans les petits cours d'eau, les endroits susceptibles d'être amorcés et pêchés avec succès.

Dans un grand cours d'eau, évidemment, cette détermination est plus difficile à première vue.

Dans l'un comme dans l'autre cas, d'ailleurs, ce n'est qu'en sondant, en étudiant successivement les emplacements au point de vue du courant, de la nature et de la disposition du lit de la rivière, de la présence ou de l'absence des herbes, qu'on pourra, en toute connaissance de cause, reconnaître celui d'entre eux qui offre le plus de chances de succès.

Le pêcheur en bateau, qui veut exercer ses talents dans un grand cours d'eau, promènera utilement son embarcation sur tous les points de ce cours d'eau qui se trouvent à proximité de son domicile.

Au moyen d'une lourde sonde, attachée à une ligne solide, il reconnaîtra la profondeur. Lorsqu'un endroit lui paraîtra susceptible d'être amorcé, il devra l'étudier plus sérieusement, sondant en de nombreuses places, de tous côtés, jusqu'à ce qu'il connaisse cet emplacement comme si le fond était à découvert.

Si l'endroit est plus profond que les parties avoisinantes, et s'il se relève en aval, il y a des chances pour que la place soit bonne. Il conviendra donc de continuer à l'étudier.

Fixant du suif à la partie inférieure de la sonde, qui devra être assez lourde pour appuyer fortement sur le fond, on pourra, après quelques nouveaux sondages, et en examinant ce que le suif ramène avec lui, connaître la nature de ce fond.

Si celui-ci est propre, formé de sable ou de petits graviers, ce sera un avantage de plus.

Remplaçant alors la sonde par un hameçon triple, après avoir placé la plume de telle façon que ledit hameçon affleure le sol, le pêcheur fera quelques coulées, en changeant légèrement de place à chaque fois, afin de s'assurer qu'il n'y a pas d'herbes en cet endroit.

Si l'épreuve est favorable, il sera bien près d'avoir l'emplacement idéal. Il pourra considérer qu'il l'a trouvé si de nouveaux sondages et des coulées avec l'hameçon, opérées de chaque côté et en aval de l'emplacement déjà reconnu comme bon, lui révèlent que ces côtés sont garnis d'herbes, et que la partie située en aval, qu'on a trouvée moins profonde, est couverte, elle aussi, d'un herbier.

Alors, le pêcheur qui a découvert ce coup peut y planter une fiche, ou, au moyen d'un poids, ou d'une lourde pierre coulée à fond, et d'une longue ficelle, y faire flotter un bouchon rouge, un bâton, une planche, ou tout autre objet qui lui permettra, provisoirement, de marquer cet endroit.

Il pourra, en procédant toujours avec le même soin, faire choix de deux ou trois autres emplacements qu'il marquera ensuite avec des fiches solides, profondément enfoncées dans le lit de la rivière, et, après avoir amorcé et pêché ces différents coups, il déterminera définitivement lequel d'entre eux est le meilleur.

Il n'est pas mauvais, d'ailleurs, lorsqu'on pêche tous les jours, d'amorcer régulièrement deux ou trois places.

Il peut se faire, en effet, à la suite d'un coup d'épervier, ou pour toute autre cause, que le poisson abandonne momentanément un de ces coups, et l'on sera bien heureux, alors, d'en avoir un autre tout préparé à proximité.

Dans les petites rivières, où l'on pêche plutôt du bord, on déterminera plus facilement, ainsi qu'il a été dit plus haut, et rien qu'à l'aspect de l'eau, les places susceptibles d'être pêchées avec succès.

Là encore, on recherchera les fonds d'eau. On les trouvera le plus souvent dans les tournants, derrière les avancées de la rive, au confluent de deux rivières. Dans tous ces endroits, le courant est généralement atténué, il se forme un remous, et la rivière se creuse.

Je viens d'écrire le mot « remous », et ce mot me suggère d'autres réflexions. Dans la plupart des livres de pêche, on conseille de pêcher dans les remous, et, sur la foi de ces ouvrages, un grand nombre de pêcheurs y établissent, à tort, leur quartier général.

J'ai essayé souvent, autrefois, de pêcher dans les remous, après avoir bien amorcé. Mais, même dans les rivières assez poissonneuses, je ne fis jamais de belles pêches.

Au contraire, en amorçant à la queue des remous, c'est-à-dire à l'endroit où l'eau reprend son cours, j'ai presque toujours fort bien réussi.

Il est bon d'ajouter cependant que, lorsqu'on dispose de tout son temps, on pourrait, en amorçant régulièrement pendant quelques jours en plein remous, attirer et retenir de beaux poissons sur ce coup. Les brêmes, carpes et tanches, si la rivière en renferme, s'y tiendraient plutôt que dans les courants et finiraient par dédommager le pêcheur.

Mais, je le répète, pour qui ne peut préparer son coup longtemps à l'avance, la pêche à la queue des remous sera toujours plus profitable.

Il est bon également, lorsqu'on pêche, pendant la belle saison, dans une petite rivière, de faire choix d'un emplacement aussi ombragé que possible.

En été, en effet, lorsque les eaux sont basses et transparentes, le soleil éclaire jusqu'aux moindres cailloux du fond, et l'on voit alors, souvent, de belles troupes de poissons passer et repasser sur l'amorce.

Il est presque toujours inutile, dans ce cas, de monter sa ligne, et, tant que le soleil n'aura pas disparu derrière quelque rideau d'arbre, le mieux est d'attendre.

Mais cette inaction n'est pas du goût de tout le monde. Aussi vous indiquerai-je le moyen que j'emploie, toutes les fois que cela est possible, pour pouvoir pêcher pendant la plus grande partie de la journée.

Je recherche, tout d'abord, une partie de rivière orientée du nord au sud, qui soit garnie, sur ses deux bords, d'arbres hauts et touffus, et je l'explore, sur chaque rive, afin de reconnaître les endroits susceptibles d'être amorcés et pêchés avec succès.

Ce n'est pas toujours facile, mais lorsqu'on a pu trouver, de chaque côté de la rivière, l'emplacement que je viens d'indiquer, on est largement récompensé de la peine que l'on s'est donnée.

On peut, en effet, sur la rive est, pêcher le matin. Si les arbres sont élevés, si leur feuillage est épais, ils interceptent les rayons du soleil pendant les premières heures de la journée.

De neuf ou dix heures du matin à deux ou trois heures de l'après-midi, le soleil est à son point le plus élevé, et tombe d'aplomb sur la rivière. Il n'y a plus rien à faire. Les poissons, d'ailleurs, sont engourdis par la grande chaleur et n'ont nulle envie de mordre.

Mais, vers deux ou trois heures, le soleil commence à baisser, l'autre rive de la rivière est dans l'ombre, et vous pouvez espérer y avoir quelques touches. Installez-vous donc, et, à l'abri derrière le rideau d'arbres, trempez votre fil dans l'eau.

Si l'on a soin d'amorcer ces deux coups tous les jours, afin de les entretenir en état d'être pêchés, on aura de grandes chances de rapporter du poisson.

Il faut d'ailleurs bien se mettre en l'esprit, contrairement à une opinion trop répandue, que la pêche, en été, est bonne surtout lorsque le temps est sombre et couvert, et, quoi qu'en disent certains traités de pêche, on réussit encore mieux par une légère pluie, pourvu que le temps soit calme, que par un soleil implacable.

La pêche au coup se pratique ordinairement à fond. Pour cela, il faut fixer la plume de telle façon que, la ligne étant à l'eau et tendue, la sonde reposant sur le sol, l'extrémité supérieure de cette plume dépasse de un ou de deux centimètres, au plus, la surface de la rivière. On y arrive après quelques tâtonnements.

Il est bon, alors, et surtout lorsqu'on se sert de lignes en crin, en racine ordinaire ou anglaise, de laisser tremper toute cette ligne, pendant quelques minutes, jusqu'à la pointe du scion. On lui donnera ainsi la souplesse et l'élasticité qui lui sont nécessaires, et on évitera qu'elle ne casse à la première touche sérieuse.

Pendant que la ligne trempe, le pêcheur préparera son amorçage s'il ne l'a fait avant de venir, ou le jettera à l'eau s'il est tout prêt. On a vu, au chapitre des amorces, quels sont les principaux amorçages.

On aura soin de lancer l'amorce à l'eau de telle façon qu'elle vienne toucher terre à l'endroit où l'on se propose de pêcher. Il faudra donc, suivant la force du courant, jeter les boulettes plus ou moins en amont.

Lorsque l'amorçage est terminé, le pêcheur dispose près de lui, à portée de sa main, les boîtes renfermant les esches dont il compte se servir. Près de lui également, et, point très important, avant de commencer à pêcher, il place son épuisette, prête à être employée.

La sacoche renfermant les ustensiles sera suspendue, fermée, à une branche d'arbre, ou rangée à l'écart.

Si l'on a d'autres cannes, ou si l'on ne monte pas tous les brins de celle que l'on emploie, il est bon, ainsi que cela a déjà été recommandé, de placer ces différents brins verticalement, appuyés sur le tronc d'un arbre ou sur les broussailles de la rive. En les déposant sur le sol, on risque fort, si l'on vient à se déplacer pour une cause ou une autre, de poser le pied par inadvertance sur les fragiles roseaux, et de briser ainsi une bonne canne.

Il est bon également, pour n'avoir pas à le chercher, de piquer le dégorgeoir tout près de soi, dans une place bien déterminée, et de l'y replacer toujours. Souvent les poissons pris ont avalé l'appât si profondément que ce petit instrument est indispensable pour décrocher l'hameçon. Pour peu qu'on en ait souvent besoin et que l'on soit un peu brouillon — c'est là un des moindres défauts de votre serviteur — on ne tarde pas à l'égarer si l'on ne s'astreint pas à cette pratique, et l'on perd ensuite un temps précieux à le rechercher. Combien j'en ai laissés au bord de la rivière !

Enfin, quand tout est bien prêt, c'est le moment de se mettre à pêcher. Fixant à l'hameçon l'esche que l'on veut employer, on jette sa ligne en amont, plus ou moins suivant que le courant est plus ou moins rapide et qu'il y a plus ou moins de fond, de façon que l'hameçon, entraîné par les plombs, soit arrivé sur le sol au moment où il passera à l'endroit amorcé.

On laisse filer la ligne, en aval, aussi loin qu'on le peut, et, la ramenant à soi, on la renvoie ensuite en amont.

Pendant une demi-heure, une heure, et même plus, si la place n'a pas déjà été amorcée la veille, il peut se faire qu'on ne prenne rien, ou presque rien. On ne se désolera pas pour cela. Il faut que l'amorçage ait le temps de produire son effet. Si l'endroit est bien choisi et le poisson en mordage, il finira par remonter et se faire prendre à l'hameçon.

Si vous avez piqué un petit, rien de plus facile, vous l'enlevez d'autorité, c'est-à-dire, sans le secours de l'épuisette, et, après l'avoir décroché, vous recommencez à pêcher.

Mais, si vous avez le bonheur de ferrer un gros, vous sentirez une résistance, d'abord, puis une traction plus ou moins rapide, plus ou moins vive, suivant le poisson pris. Le gardon, par exemple, fera des bonds de tous côtés, la brème, le hotu, au contraire, promèneront votre plume sans rapidité, mais avec l'intention bien arrêtée de ne pas vous céder et de ne se laisser remonter à la surface qu'à la dernière extrémité.

Alors, domptez vos nerfs et calmez votre cœur qui bat à coups préci-

pités. La lutte va être sérieuse. Tenez votre canne presque droite, et laissez travailler votre scion, sans cependant montrer trop de raideur dans le poignet. C'est le cas, ici, d'appliquer la célèbre formule : « une main de fer dans un gant de velours. »

Ne permettez pas au poisson de s'en aller au large, car, alors, votre canne prendrait une position horizontale, et vous seriez cassé presque sûrement, mais s'il veut absolument s'écarter de vous, cédez-lui sans lui céder, si je puis m'exprimer ainsi, et de telle façon qu'il comprenne bien vite qu'il n'a rien à espérer de vous. Petit à petit, alors, il reviendra à de meilleurs sentiments, se laissera amener à la surface et vous pourrez l'apercevoir, comme un éclair, sur l'eau.

Mais ne vous hâtez pas de crier victoire. C'est, au contraire, le moment critique. D'un coup de queue, il a plongé, et, si vous n'avez pas rendu la main, vous serez certainement cassé, à moins que l'hameçon, piqué dans la lèvre, qui est assez molle chez certains poissons, n'ait déchiré la chair et ne soit revenu avec la ligne. De toute façon, c'est un poisson manqué et un coup gâté pour un moment. Soyez donc bien attentif, tenez votre poisson fermement, sans raideur, et suivez tous ses mouvements de la main tout en le maintenant de façon à le fatiguer.

Bientôt, il circulera moins et s'arrêtera peut-être même pendant un certain temps. Tenez-le toujours ferme, sans rien exagérer. Il peut se faire qu'il se soit mis derrière une touffe d'herbe. Si vous essayiez de l'amener à la surface, vous casseriez sans doute votre ligne. Au contraire, en la maintenant simplement bien tendue, vous finirez par faire lâcher prise au poisson, et c'est probablement la dernière résistance qu'il vous opposera.

Enfin, il se rend, et le voilà presque sorti de l'eau sur laquelle son corps est allongé, la tête tournée de votre côté. Si vous êtes seul, prenez votre canne de la main gauche, l'épuisette de la main droite. Introduisez le filet dans l'eau complètement, et, doucement, amenez le poisson au-dessus.

Soulevez vivement, alors, et jetez sur la berge, car, souvent, au dernier moment, le captif fait un effort suprême, donne un coup de queue et... s'en va, vous laissant fort désappointé.

Mais si vous avez été prudent, votre poisson est là, palpitant, sur le gazon. Par pitié, d'abord, par intérêt, ensuite, il est préférable de ne pas le laisser agoniser lentement dans le filet.

D'un coup de bâton sur le crâne, assommez-le, ou, prenant votre couteau de pêcheur, ouvrez le poinçon dont il doit être muni, et, d'un seul coup, enfoncez-le derrière la tête, sur le dessus du corps, de façon à traverser la colonne vertébrale. Une goutte de sang, un dernier soubresaut, et c'est fini. Envoyez votre victime rejoindre les autres, dans le filet accroché à une branche d'arbre, à l'ombre.

Il existe encore, pour tuer les poissons moyens, autres que ceux dont la mâchoire est garnie de dents nombreuses et acérées, un procédé très pratique et très expéditif. On introduit l'index de la main droite dans la bouche du poisson. On appuie le pouce de la même main en arrière de la tête, sur le dessus du corps, et, courbant en arrière la tête du poisson, en même temps qu'on fait une pesée à l'aide du pouce, on lui brise la colonne vertébrale.

Surtout, et c'est là une question importante, si vous avez une ligne qui vous donne de bons résultats, ayez-en le plus grand soin et servez-vous-en tant que ça voudra mordre. Si vous veniez à la casser, et que vous en mettiez une autre, même absolument semblable à vos yeux, il pourrait très bien se faire, je ne sais pour quelles raisons, que le poisson n'y morde pas. Ceci est un fait que j'ai souvent constaté et que je livre à vos méditations profondes.

La pêche au coup se pratique souvent en bateau. Le bateau de pêche doit être plat et avoir au moins une longueur de six mètres. L'avant et l'arrière sont couverts de planches formant ce qu'on appelle une levée.

Autant que possible, les bateaux de pêche doivent être munis d'une boutique, sorte de boîte ayant la largeur du bateau et dont le fond et les petits côtés sont formés par le fond et les côtés du bateau lui-même, qui sont percés de trous par où l'eau de la rivière peut passer librement.

Les deux grands côtés de la boutique sont formés par deux planches épaisses montant jusqu'à la hauteur du bordage. La boutique est recouverte d'une autre planche munie d'une ouverture qui peut être ouverte ou fermée à volonté, et par laquelle on introduit le poisson qu'on peut y conserver vivant.

Aux deux extrémités du bateau sont des poulies sur lesquelles s'enroulent des chaînes portant des poids de 20 kilos au moins, qu'on laisse descendre sur le fond de la rivière, et qui maintiennent le bateau en place.

Lorsqu'on a fait choix d'un coup et que l'on désire y venir régulièrement, il est préférable, cependant, de planter dans le sol de la rivière de longues perches de bois auxquelles on fixe le bateau, à l'avant et à l'arrière, au moyen de cordes. Il est bon, dans ce cas, de munir le bateau d'anneaux en métal qui servent à l'attacher.

On est certain ainsi de pêcher toujours au même endroit, ce qui, sans cela, est quelquefois difficile dans une grande rivière.

Lorsqu'on a reconnu qu'un coup est bon, il faut l'amorcer régulièrement et tous les jours si l'on pêche souvent. On peut ainsi l'entretenir pendant toute une saison.

Quelques pêcheurs même en entretiennent ainsi deux ou trois, de façon à n'être pas pris au dépourvu si, pour une raison quelconque, ils se voient obligés d'en abandonner un.

Pêche à soutenir.

A la pêche au coup se rattachent d'autres genres de pêche. La pêche à soutenir se pratique également sur un coup bien amorcé. La ligne doit être longue et solide, le bas de ligne en forte florence, l'hameçon gros et renforcé.

Près de cet hameçon on serre, au moyen d'une pince, un plomb fendu ordinaire, qui retient un gros plomb carré (fig. 124) ou en forme

Fig. 124.

d'olive percé en son milieu d'un large trou qui lui permet de glisser sur la ligne.

Prenant cette ligne près de l'extrémité, le gros plomb reposant sur le petit, on la balance un peu et on la jette à l'eau, l'hameçon esché d'asticots ou d'un beau ver. On a eu soin, pour cela, d'enrouler la ligne à terre et d'en attacher l'extrémité au poignet ou à un piquet enfoncé dans la berge. Lorsqu'elle est à l'eau, on la tend légèrement, de manière à sentir les moindres attaques du poisson. On ferre lorsque la secousse indique que ledit poisson a pris l'appât et on le ramène en tirant sur la ligne.

On pratique quelquefois cette pêche avec une canne courte et solide munie d'un moulinet. Le mode d'opérer est le même.

Pêche au grelot.

La pêche au grelot est une variété de pêche à soutenir. Elle se pratique exactement de la même façon que celle-ci, seulement, la ligne, qui doit être bien tendue, au lieu d'être tenue à la main ou attachée au bout d'une canne, est fixée à la pointe d'un scion de baleine emmanché dans une poignée qui porte à l'extrémité inférieure une lame d'acier permettant de la ficher en terre (fig. 125).

Fig. 125.

A l'extrémité du scion de baleine est attaché un grelot qui tinte quand le poisson attaque l'esche et carillonne lorsqu'il s'enfuit après l'avoir avalée.

En prenant des grelots de sons différents, on peut pêcher avec plusieurs lignes, à condition de les espacer suffisamment.

Quelquefois, au lieu d'être attachée à l'extrémité du scion de baleine, la ligne est enroulée sur un moulinet qui, lorsque le poisson a mordu et s'enfuit, fait tinter le grelot à chacune de ses révolutions.

On peut également, avec les lignes à grelot, pêcher à la pelote, comme il va être indiqué ci-après.

Pêche à la pelote.

La pêche à la pelote est également une sorte de pêche à soutenir. On la pratique avec une canne courte et solide. L'hameçon, des nᵒˢ 4, 5 ou 6, est monté sur forte racine ou même, pour la grosse carpe, directement sur soie. A quelques centimètres de l'hameçon, on fixe un gros plomb ou un cube de liège de 7 à 8 millimètres de côté.

La pelote descendant à fond par son propre poids, le cube de plomb ou de liège n'ont d'autre utilité que de l'empêcher de glisser. Pour cette raison, le cube de liège est préférable, parce qu'il est plus facile à remplacer en cas de perte, et parce qu'il a l'avantage, dès que la pelote est désagrégée, sans qu'un poisson ait mordu à l'hameçon, de remonter à la surface de l'eau et d'avertir ainsi le pêcheur.

Prenant de la terre glaise, blanche de préférence, on la malaxe soigneusement dans l'eau, de manière à la débarrasser de toutes les impuretés et de tous les petits cailloux qu'elle peut contenir, et on lui donne à peu près la consistance du beurre frais. On en fait des boulettes variant, comme grosseur, d'un œuf de pigeon à un œuf de poule. Dans quelques-unes de ces boulettes, on incorpore une certaine quantité d'asticots, et on les jette sur le coup.

Prenant ensuite une autre de ces boulettes, après avoir esché l'hameçon d'autant d'asticots qu'il peut en contenir, on la creuse d'un coup de pouce. On introduit dans ce trou le plomb ou le cube de liège, ainsi que l'hameçon garni, on y dépose une bonne pincée d'asticots, on referme la boulette, on la repétrit et on la jette au même endroit que les autres.

Certains pêcheurs laissent pendre l'hameçon garni en dehors de la pelote. D'autres, d'un coup de pouce, le collent à l'extérieur de ladite pelote.

Les gros poissons qui se trouvent sur le coup, et qui ont déjà profité des asticots échappés des premières pelotes, se précipitent sur celle-ci et la frappent du nez pour la démolir, afin de s'emparer des asticots qu'elle doit renfermer, elle aussi.

Lorsque, dans leurs efforts, la pelote se brise, l'hameçon apparaît, et le plus fort ou le plus gourmand des poissons s'en empare.

En maintenant la ligne bien tendue, on peut, presque à coup sûr, reconnaître quel est le poisson qui cherche à démolir la pelote. La carpe et la brème attaquent prudemment et mollement, le gardon frappe à coups précipités, le barbeau est brutal. Leur touche et leur défense sont en rapport avec leur attaque, molle et sans secousse avec les uns, brutale avec les autres.

Il faut se défier particulièrement de la carpe, vieille rusée, qui, lorsqu'elle est prise, a plus d'un tour dans son sac, et cherche toujours à entraîner la ligne dans les racines ou les herbiers, où l'on a bien des chances de les perdre l'une et l'autre.

Cette pêche est très amusante, encore que très difficile, parce qu'il faut beaucoup de tact et de pratique pour ferrer au moment convenable. Elle est généralement productive, car on ne prend que de grosses pièces.

Pêche au vif.

On appelle vif, ainsi qu'on l'a vu précédemment, le petit poisson qui sert d'appât pour les gros poissons carnassiers : brochet, perche, chevesne, truite, etc. Au chapitre des appâts, ont été décrites les différentes manières de le fixer à l'hameçon.

La pêche au vif se pratique généralement avec une canne en roseau rubanné, bambou, hickory ou greenhart. On emploie rarement le bambou refendu.

Lorsque la canne n'est pas munie d'un moulinet, on peut prendre, pour cette pêche, une ligne toute montée de même grandeur que la canne qui, dans ce cas, doit être elle-même très longue. Cette ligne sera en cordonnet ou en soie forte, munie d'un assez gros bouchon en forme de poire et d'une olive de plomb percée, qui peut glisser sur la ligne, à l'extrémité de laquelle on fixera un émerillon qui permettra d'attacher ou de détacher rapidement le fil de cuivre, d'acier ou de corde à guitare qui sert d'empile, et qui empêchera cette ligne de vriller.

Lorsqu'on n'emploie pas de moulinet, même avec une canne de 6 à 7 mètres et une ligne de même longueur, ce qui est le maximum, on ne peut guère pêcher que les bords de la rivière ou de l'étang.

C'est pourquoi, les grosses pièces se tenant généralement assez loin, il faut toujours munir la canne d'un moulinet pour la pêche au vif. On pourra ainsi pêcher à de grandes distances et résister plus facilement aux seigneurs d'importance qui pourraient se faire prendre.

Le moulinet devra être proportionné à la canne et contenir, suivant l'endroit où l'on pêche, de 30 à 80 mètres de soie (30 à 50 mètres sont suffisants dans la plupart des cas). La soie elle-même sera proportionnée comme grosseur aux poissons qu'on est exposé à piquer.

Montant le moulinet sur la canne, de façon que, étant dessous, la poignée soit à droite, on attache solidement une extrémité du fil à l'axe de ce moulinet, et on tourne la manivelle dans le sens des aiguilles d'une montre. On enroule ainsi la soie, en en laissant seulement un ou deux mètres.

A l'extrémité de cette soie, on fait une boucle au moyen de fil poissé. On se munit ensuite de bouchons de tailles différentes, de plombs proportionnés à ces bouchons et d'un certain nombre d'émerillons.

Il faut, à propos de bouchons et de plombs, éviter l'exagération dans laquelle tombent un grand nombre de jeunes pêcheurs.

A moins d'exercer ses talents dans de très grands fonds ou dans des rivières tumultueuses, un bouchon forme poire de 35 millimètres d'axe et de 27 à 28 millimètres de diamètre, équilibré par un plomb léger — olive raccourcie pesant 7 à 8 grammes — est grandement suffisant, surtout lorsqu'on emploie comme vifs de petits poissons.

De cette façon, l'amorce évolue facilement et rapidement dans tous les sens et ne tarde pas à attirer les voraces qui chassent aux environs.

Avec un certain nombre d'hameçons simples et doubles et un ou deux tackles bien construits, montés sur corde à guitare ou fil d'acier (je n'aime pas beaucoup les chaînettes de cuivre, qui ne sont pas assez souples et sont trop visibles), on a tout ce qu'il faut pour pêcher.

Voici comment on peut procéder :

Après avoir déroulé une certaine quantité de ligne du moulinet préalablement fixé à la canne montée, on fait passer l'extrémité bouclée de cette ligne dans les anneaux, puis à l'intérieur du bouchon et on fixe celui-ci sur la ligne, de telle manière que le poisson amorcé se trouve maintenu à peu près à demi-fond, un peu plus haut en étang qu'en rivière.

On passe ensuite le plomb percé. Puis, introduisant l'extrémité bouclée de la soie dans l'anneau de l'émerillon, on fait passer cet émerillon entier dans la boucle et on tire. Il est ainsi fixé très solidement et peut se détacher facilement (fig. 126). Il est préférable, pour cette

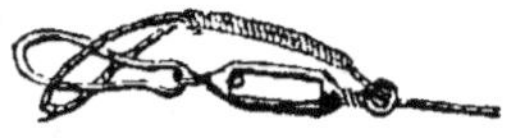

Fig. 126.

pêche, d'employer les émerillons dits « à porte-mousqueton », avec lesquels on rattache très facilement et très rapidement la boucle de l'empile au corps de ligne en soie.

Il ne reste plus, après avoir accroché le vif à l'hameçon par l'un des procédés indiqués page 90 et après avoir passé la boucle de l'empile dans l'anneau de l'émerillon, qu'à jeter la ligne à l'eau.

On pêche d'abord près du bord, explorant tous les endroits où l'on suppose qu'un poisson carnassier peut se tenir.

Puis, tirant quelques mètres de soie du moulinet, on lance l'amorce un peu plus loin, et on continue ainsi en augmentant à chaque fois la longueur du jet.

Il faut, lorsqu'on veut lancer à nouveau le vif, le ramener auprès de l'anneau de tête du scion. Pour cela, tirant la ligne dans les anneaux de la main gauche, on l'enroule sur le sol, si celui-ci est propre, ou on la soutient, sur l'index de la main gauche, très largement lovée et on tire jusqu'à ce que le bouchon touche presque à la pointe du scion.

On prend alors la canne de la main droite, au-dessus du moulinet, si c'est une canne à une main, ou la main droite au-dessus du moulinet, la gauche au-dessous, si c'est une canne à deux mains. Entre le moulinet et le premier anneau, on a soin de laisser libre la ligne que l'on serre seulement avec l'index ou le médium de la main droite sur la canne, pour l'empêcher de glisser. Puis, portant cette canne en arrière et sur le côté gauche, on la ramène vivement en avant, soulevant à ce moment l'index droit. La ligne, libérée, glisse dans les anneaux et le vif s'en va à une grande distance si elle ne s'emmêle pas. Il est bon, d'ailleurs, de s'habituer à lancer le vif de gauche à droite, de droite à gauche, et même verticalement, par-dessus la tête.

Il est préférable de pêcher d'abord tout près et d'augmenter petit à petit la longueur de son jet. Si, du premier coup, on déroulait une grande quantité de ligne du moulinet, la partie qui serait déroulée la première, et qui, par conséquent, se trouverait dessous, sur le sol, serait celle qui devrait partir la première, et il y aurait bien des chances, alors, pour que la ligne s'emmêlât.

Il n'en est plus de même lorsque la ligne enroulée sur le sol ou lovée sur l'index gauche a été déjà lancée et tirée des anneaux de la canne.

Avec certains moulinets construits spécialement pour cet usage, et appelés moulinets à lancer, on peut lancer directement du moulinet, mais cette méthode est plus difficile, et il faut un apprentissage assez long avant de réussir. Quelquefois, lorsque l'étang ou la rivière ne présentent que de rares et étroites places claires, on emploie le *pater noster*. Dans ce cas la ligne est terminée par un émerillon triple, qui lui est rattaché par son anneau supérieur. A l'anneau inférieur une racine simple porte un plomb de 50 grammes environ, qui peut être à 40 centimètres de l'émerillon. A l'anneau latéral de cet émerillon, on attache une empile en corde à guitare de 25 centimètres environ, portant un hameçon n° 1. On jette le tout dans une place claire. Le poisson amorce : ablette, goujon, vandoise, retenue par le plomb ne peut se cacher dans les herbes et finit par attirer l'attention du brochet. Si le plomb vient à s'accrocher au fond, la racine casse, et on en est quitte pour la remplacer, ainsi que le plomb.

Pêche aux poissons artificiels, à la cuillère, etc.

A la pêche au vif se rattache la pêche aux poissons artificiels, aux tackles amorcés avec un poisson mort, et à la cuillère, qu'on lance de la même manière.

Dans ce cas, on n'emploie pas de flotte, mais on doit plomber la ligne plus ou moins suivant la profondeur ou le courant.

On utilise quelquefois pour cela de la ficelle de plomb qu'on enroule sur la soie à quelque distance du poisson mort ou un plomb spécial qu'on peut fixer à la ligne et détacher à volonté, sans la démonter, et que l'on courbe avec les doigts, de façon à l'empêcher de vriller.

On peut encore, prenant une feuille de plomb de forme ronde, plus ou moins grande suivant le courant, découper à l'intérieur, au milieu, une ouverture circulaire. On fixe un petit plomb fendu sur la ligne, à l'endroit où l'on veut plomber, puis, pliant la feuille de plomb par son milieu, on la pose à cheval sur la ligne, le petit plomb se trouvant dans l'ouverture creusée au centre, et on serre fortement. Ce plomb, retenu par la grenaille, ne peut glisser sur la ligne, et sa forme empêche complètement celle-ci de vriller.

On choisit autant que possible, pour pratiquer ce genre de pêche, les places où il y a un courant, du fond, et pas d'herbes.

Lorsque le poisson ou le tackle est à l'eau, on prend la canne de la main gauche, et on mouline de la main droite pour ramener l'appât qui, grâce aux hélices dont il est muni, tourne d'autant plus vivement qu'on le ramène plus vite et que le courant est plus rapide.

On peut encore tirer alternativement le fil, entre le moulinet et le premier anneau, et mouliner ensuite. On donne ainsi plus de vie au poisson qui paraît, par moments, faire des bonds, pour s'arrêter ensuite, et attire mieux le poisson carnassier.

Il est bien entendu que la ligne employée pour cette pêche doit être munie d'un ou de plusieurs émerillons.

On pêche encore quelquefois avec un poisson mort monté sur hameçon plombé. On peut prendre, pour cela, un hameçon double à pointe monté sur corde à guitare ou fil d'acier. On introduit cette empile à l'intérieur d'une olive longue en plomb, et on fait descendre ce plomb jusque sur la hampe de l'hameçon double.

Au moyen d'une aiguille à amorcer, on introduit l'empile dans la bouche d'un petit poisson mort et on la fait ressortir entre les deux fourches de la nageoire caudale. On tire jusqu'à ce que le plomb soit entré dans le corps du poisson, et que les deux branches de l'hameçon double se trouvent de chaque côté de la bouche du poisson, et on pêche en dandinant — c'est-à-dire en remontant et descendant vivement ce poisson, dans les petites places claires au milieu des herbes. Souvent, on réussit ainsi fort bien alors qu'on ne pourrait pêcher au vif à cause de la végétation trop luxuriante des eaux. On peut, à volonté, couper les nageoires du poisson amorce.

Il peut être difficile de se procurer le poisson mort qui servira à amorcer le tackle. Les marchands d'articles de pêche vendent des poissons conservés qui ont l'avantage de pouvoir servir en toute saison et sont toujours prêts à être employés.

Vous pouvez vous-mêmes en conserver pendant fort longtemps en les introduisant dans un bocal que vous remplirez avec une solution composée de 15 grammes de formol pour un litre d'eau. Il est bon, lorsqu'on veut s'en servir, de retirer ces poissons quelques jours à l'avance et de les mettre dans le sel. Ils ont ainsi un goût salé qui attire mieux le poisson.

On pêche également à la cuillère en bateau. Dans ce cas, il faut être deux, ni plus ni moins que pour faire l'amour, mais il n'est pas nécessaire que les sexes soient différents. L'un des pêcheurs conduit le bateau. L'autre, placé à l'arrière, tient à la main une longue corde à l'extrémité de laquelle est la cuillère, que le mouvement du bateau entraîne et fait tourner. Dès qu'un poisson, attiré par le leurre, s'est fait prendre, ce qui se produit sans l'intervention du pêcheur, grâce aux nombreux et puissants hameçons dont la cuillère est garnie, on le ramène sans précaution, car la ligne est solide, et, après l'avoir décroché, on rejette la cuillère à l'eau.

Pêche à la ligne volante.

Cette pêche se pratique d'une tout autre manière que les pêches précédentes. La principale est la pêche à la mouche artificielle.

C'est la plus belle de toutes les pêches, la pêche sportive par excellence, celle qui exige le plus d'art.

Bien lancer la mouche n'est pas à la portée de tout le monde, et ils sont très rares, ceux qui sont passés maîtres dans ce sport. On le pratique spécialement pour capturer la truite et le saumon.

La canne, en bambou refendu, greenhart ou hickory, ou même en simple bambou, doit être très flexible. Les dimensions les plus courantes ont été indiquées au commencement de cet ouvrage.

La ligne sera en soie tressée fine et très solide et aura, pour la truite une trentaine de mètres, et deux ou trois fois plus pour le saumon. Le bas de la ligne, en queue de rat, racine ordinaire dans le haut, XXX ou XXXX au bas, sera assez long, 2 mètres au moins. On n'emploie pour cette pêche ni plomb ni flotte.

Les mouches, autant que possible, seront montées sur hameçon à œillet, de façon à pouvoir être remplacées facilement. Au cas où l'hameçon serait à pointe et monté sur empile, on fera une boucle à l'extrémité de cette empile, une autre à l'extrémité du bas de la ligne et on les réunira au moyen du nœud d'accouplement.

La truite et le saumon se pêchent à la mouche noyée, mais on peut également pêcher la truite à la mouche sèche. Dans ce cas, on ne met qu'une mouche au bas de ligne. La pêche à la mouche noyée, plus facile, est moins artistique et souvent moins profitable. Au début, on la pratiquera en descendant le courant, qui, entraînant la mouche, rectifiera les erreurs du lancé. Dans ce cas, on abaisse la pointe du scion au fur et à mesure que la mouche descend.

On peut également, dans certains cours d'eau, lancer la mouche près de l'autre bord de la rivière. Entraînée par l'eau, elle descend le courant en décrivant une courbe qui la ramène près du bord où l'on se trouve. On la retire alors pour la lancer de nouveau.

Mais la meilleure manière de pêcher à la mouche, qu'on emploie la mouche sèche ou la mouche noyée, est de pêcher en remontant la rivière et en lançant en avant. Contrairement à ce qui se passe lorsqu'on pêche en descendant, on relève la pointe du scion au fur et à mesure que la mouche descend.

Lorsqu'on pêche à la mouche sèche, il est nécessaire, entre chaque lancé, de sécher la mouche. Pour cela, après l'avoir sortie de l'eau, on la balance vivement dans l'air, que l'on fouette, pour ainsi dire, afin de provoquer une évaporation rapide, et on ne la lance à nouveau que lorsqu'elle ne présente plus de trace d'humidité.

La mouche sèche doit se poser sur l'eau le plus légèrement possible, comme s'y poserait le duvet d'un oiseau. Lorsqu'on voit une truite moucheronner à la surface, on doit lancer cette mouche un peu en avant de son nez, et, autant que possible, du côté opposé à celui où se trouve le pêcheur. Si elle est bien tombée à la façon d'une mouche naturelle, il est rare qu'elle ne soit pas saisie lorsqu'elle passe à portée du poisson.

Quelquefois même, la truite ou le saumon à l'affût n'attendent pas que la mouche soit tombée, et, faisant un bond hors de l'eau, la saisissent avant qu'elle ne soit arrivée à la surface.

L'essentiel dans cette pêche, et lorsque le lancé ayant été bien fait, la mouche descend avec le courant, est de faire en sorte qu'elle suive le fil de l'eau d'un mouvement naturel. Il importe, pour cela, de bien surveiller la ligne et le bas de ligne qui pourraient être tiraillés par des courants contraires et d'éviter autant que possible ces tiraillements qui donneraient à la mouche une marche anormale.

Il reste maintenant à indiquer comment on lance la mouche. C'est là, précisément, le point le plus difficile, et le mieux, évidemment, serait de voir faire un pêcheur passé maître dans ce genre de pêche. On en apprendrait plus ainsi que par la lecture de longues pages.

Voici cependant, en quelques mots, comment on pratique ce lancé, que l'on fera tout d'abord très court et que l'on augmentera au fur et à mesure qu'on se perfectionnera.

On tire du moulinet environ 5 mètres de ligne. Prenant alors la canne de la main droite, au-dessus dudit moulinet, et la mouche entre le pouce et l'index de la main gauche, on balance légèrement et plusieurs fois la canne, puis on lâche la mouche de telle façon que la ligne, après avoir décrit en l'air une sorte de 8, se déploie entièrement en arrière du pêcheur, sans cependant toucher le sol. A ce moment, ramenant vivement la canne, quoique sans brusquerie, on entraîne la ligne qui se déploie entièrement en avant, et on laisse tomber la mouche, le plus doucement possible, à l'endroit où l'on veut pêcher.

Lorsqu'on lance avec habileté ces quelques mètres de ligne, on en augmente petit à petit la longueur, jusqu'à ce qu'on arrive à lancer à une vingtaine de mètres, ce qui est un maximum qu'on n'aura jamais besoin de dépasser.

Autant que possible, pour cette pêche, il faut avoir le vent derrière soi, ce qui facilite le lancé et porte la mouche, et le soleil devant soi, afin que l'ombre du pêcheur et de sa canne ne se projette pas sur la rivière, ce qui rendrait inutile toute tentative. Il est bon également de ne porter que des vêtements de couleur foncée.

Plus l'eau est claire, plus il fait soleil et chaud, et plus les bas de ligne, pour cette pêche, doivent être fins et les mouches petites.

Au commencement de la saison, au contraire, lorsque les eaux sont troubles et le poisson affamé, on pourra employer de plus gros bas de ligne et des mouches plus grosses.

Pêche aux insectes naturels. — A ce genre de pêche on peut rattacher la pêche aux insectes naturels, et particulièrement à la mouche et à la sauterelle, que l'on pratique du bord ou d'un bateau avec une canne très souple et une ligne fine et relativement longue.

On peut prendre ainsi tous les poissons de surface qui se nourrissent d'insectes naturels, et particulièrement des chevesnes. Cette pêche est un bon apprentissage pour la pêche à la mouche artificielle. Elle n'est guère praticable que sur les canaux ou les rivières dont les bords ne sont pas trop boisés.

Pêche à la surprise. — Lorsque, au contraire, les rives sont garnies d'arbres et d'arbustes, on pratique un autre genre qui est souvent très fructueux. La canne qui n'a que 2 m. 50 à 3 mètres doit être très forte et peu flexible. La ligne, très solide également, est terminée par une racine résistante et un hameçon simple n° 6 à 8 ou un petit hameçon triple n° 14 ou 15.

Cette ligne en principe ne doit avoir ni plomb ni flotte. Cependant, par les grands vents, un plomb léger placé un peu au-dessus de l'hameçon permettra de la diriger plus facilement.

On esche habituellement l'hameçon simple avec une sauterelle, l'hameçon triple avec trois mouches. S'approchant doucement du bord, on laisse tomber l'appât sans bruit, et on donne un léger tremblement à la ligne. Les poissons cachés sous les berges ne tardent pas à venir, ils tournent autour de l'appât, et soudain l'un d'eux se décide à mordre. Lorsqu'on a pu s'approcher, sans être vu, d'un beau chevesne circulant à la surface, il faut s'efforcer de faire tomber l'appât doucement de l'autre côté du poisson et un peu en arrière. Il se retourne au bruit et mord sans tarder. On réussit beaucoup mieux ainsi, qu'en lui laissant tomber l'appât devant le nez.

Il faut, bien entendu, ferrer rapidement, et faire sauter le poisson sans lui donner le temps de la réflexion. C'est pourquoi la canne et la ligne doivent être solides.

L'essentiel, dans cette pêche, est de ne pas se faire voir et de ne se faire entendre que le moins possible. Pour cette raison, il est préférable, là encore, de porter des vêtements de couleur sombre.

Lorsqu'on a manqué un poisson, ou lorsqu'on s'est laissé voir, il est inutile de persister. La plus séduisante des amorces n'en attirera plus aucun pour l'instant.

A cette pêche, encore, on prend surtout du chevesne.

Pêche à lancer à l'américaine.

La pêche à lancer à l'américaine, qui est de plus en plus à la mode en France, diffère totalement des pêches à lancer pratiquées soit avec la ligne enroulée à terre ou sur la main, soit directement du moulinet. Elle nécessite un outillage spécial qu'il est indispensable de décrire ici.

La canne employée pour ce lancer est une canne à une main, dont la longueur moyenne peut être d'environ 2 mètres à 2 m. 20 (fig. 127).

Fig. 127. — Canne pour la pêche à lancer à l'américaine.

On la construit généralement en bambou refendu, greenhart ou hickory. Elle doit être aussi légère que possible, mais plutôt rigide que souple. Elle est munie d'anneaux de grand diamètre et de bonne fabrication, pour faciliter le passage de la ligne, et d'un porte-moulinet. On l'établit en deux bouts pour qu'elle soit plus facilement transportable.

Le moulinet multiplicateur (fig. 128), peu employé pour les autres pêches, est indispensable pour le lancer à l'américaine. Il doit être de toute première qualité et, de préférence, à quadruple multiplication. Il permet de récupérer la ligne plus rapidement, mais son principal avantage est de faciliter le lancer. Lorsque la bobine fait quatre tours, en effet, la manivelle et la poignée n'en font qu'un. De là, une moins grande force à vaincre, aussi bien au point de vue du roulement que de la résistance de l'air.

La ligne employée pour cette pêche doit être en soie et tressée finement. Il est préférable qu'elle ne soit pas vernie, afin de rester plus

Fig. 128. — Moulinet multiplicateur pour pêche
à lancer à l'américaine.

souple, et assez longue pour bien garnir le moulinet. Le bas-de-ligne en racine forte pour la truite, le saumon et la perche, en corde à guitare, acier câblé ou fil d'acier pour le brochet, devra être court, 30 centimètres environ, car pour bien pratiquer le lancer, il est nécessaire de placer l'appât à peu de distance de la pointe du scion. On réunira le bas-de-ligne au corps de ligne au moyen d'un ou de plusieurs émerillons.

Apprentissage du lancer à l'américaine. — L'apprentissage du lancer à l'américaine se pratique avec un poids de 25 grammes environ, qui peut être un plomb en forme de poire, et que l'on choisit de plus en plus léger, au fur et à mesure que l'on acquiert plus d'habileté, jusqu'à ce qu'il ne pèse plus que de 12 à 15 grammes. On place le moulinet sur la canne, la manivelle à gauche, et, après avoir attaché le plomb à l'extrémité de la ligne, on tourne la canne, de façon que le moulinet soit dessous, et on récupère la ligne jusqu'à ce que le plomb arrive à une petite distance de l'extrémité du scion, 25 à 40 centimètres au plus. On retourne alors la canne, et on empêche la bobine de tourner en saisissant cette canne de la main droite au-dessous du moulinet et en appuyant le pouce sur le fil enroulé sur la bobine.

Le lancer de la balle s'effectue au moyen d'un mouvement d'arrière en avant du poignet. On le pratique de quatre manières :

On tient le bras droit légèrement en arrière et écarté du corps, la pointe de la canne basse de façon que le plomb touche presque le sol, et on porte vivement la canne de bas en haut et de droite à gauche. On soulève le pouce à ce moment et on laisse la ligne se dérouler jusqu'à ce que le plomb soit arrivé au-dessus du point qu'on veut toucher. On arrête alors la rotation de la bobine au moyen du pouce.

On peut lancer dans l'autre sens en tenant la canne sur la gauche, le bras droit passé en travers du corps. On étend alors le bras sur la droite en l'élevant, ainsi que la pointe de la canne.

En pratiquant ainsi, on peut lancer très loin, car le plomb est envoyé en hauteur. Malheureusement, dans la pratique, l'appât lancé de cette façon fait beaucoup de bruit en tombant à l'eau, et peut effrayer les poissons. Si l'on veut éviter cet inconvénient, il faut pratiquer le lancer en maintenant la canne basse et horizontale, mais il faut alors lancer plus fortement, si l'on veut aller un peu loin. C'est le lancer horizontal.

On pratique encore le lancer vertical. La canne placée au-dessus de l'épaule droite est inclinée en arrière. On lance en avant et le plus haut possible. Ce lancer est le plus précis, mais on ne peut atteindre une aussi grande distance qu'avec les précédents.

Pratique de cette pêche. — Lorsqu'on a acquis l'habileté nécessaire, on remplace le plomb par un appât naturel, poisson vif par exemple, ou artificiel. Dans le premier cas, on laisse travailler le vif à l'endroit où il est tombé. Il faut employer un bouchon glisseur sans lequel on ne pourrait pratiquer le lancer. Si l'on pêche avec un appât artificiel, cuiller ou poisson tournant, on prend la canne de la main gauche, moulinet en dessous, dès que cet appât est à l'eau, et on le ramène, plus ou moins vite, en moulinant. On ramène de même le poisson capturé lorsqu'on l'a suffisamment fatigué par les procédés ordinaires.

Pêche aux lignes de fond.

En dehors des différents genres de pêche qui viennent d'être décrits, et qui, tous, nécessitent la présence du pêcheur, il existe encore divers procédés pour capturer les habitants de nos eaux.

On peut citer, à ce propos, la pêche aux lignes de fond, traînées ou cordées, et la pêche aux trimmers, employée surtout en étang pour prendre brochets, perches et même anguilles.

La ligne de fond se compose, en principe, d'un cordeau assez gros, ordinairement en chanvre tressé et tanné, plus ou moins grand suivant l'endroit où l'on pêche et le nombre d'hameçons qu'on veut y adapter.

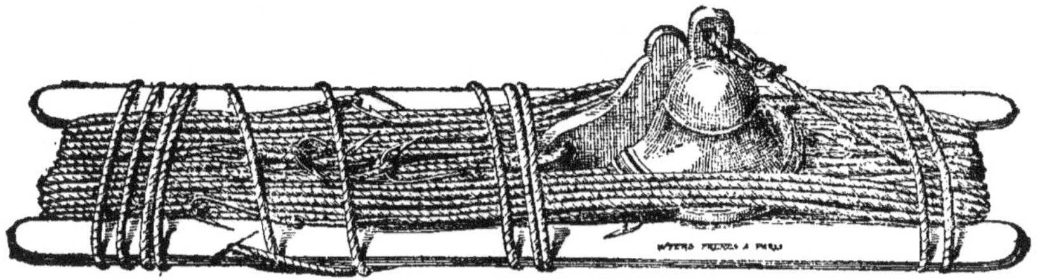

Fig. 129. — Ligne de fond.

A une extrémité de ce cordeau est fixé un gros plomb spécial (fig. 129), ou, à défaut, une forte pierre attachée solidement. A une certaine distance de ce plomb, et de mètre en mètre au moins, on fixe des hameçons — de gros hameçons renforcés à anneau — montés sur une courte empile.

Si ces hameçons étaient fixés à demeure sur le cordeau, ils risqueraient fort d'emmêler la ligne à chaque instant, et c'est alors du temps perdu pour la démêler. Aussi est-il préférable de ne les monter qu'au moment de placer la ligne.

Rien n'est plus facile. Il suffit, après avoir passé l'extrémité de l'empile dans l'anneau de l'hameçon, de faire un nœud simple à cette extrémité, et de pratiquer le nœud représenté figures 76 et 77. L'hameçon est alors attaché à demeure sur son empile. On contourne ensuite le cordeau avec l'autre extrémité de l'empile, et on l'attache au moyen de l'un des nœuds représentés figures 73, 74, 75 ou 76 et 77.

Il existe également différentes manières de poser les lignes de fond. On peut, après les avoir amorcées, jeter à l'eau, le plus loin possible, l'extrémité munie d'un plomb ou d'une pierre, et attacher l'autre extrémité à un piquet enfoncé dans le sol ou à un arbuste poussé sur la rive, mais ce procédé, très pratique dans une propriété privée, l'est beaucoup moins sur les bords d'une rivière, qui sont, le plus souvent, fréquentés de jour et de nuit par des braconniers. Ces messieurs, bien entendu, ne se feraient aucun scrupule de relever la ligne et de s'emparer du poisson pris.

Il vaut mieux, dans ce cas, fixer un plomb ou une pierre à chaque extrémité de la ligne de fond.

Après avoir laissé tomber l'une des pierres près du bord, on jette l'autre au loin, en travers de la rivière, de façon que la ligne soit bien tendue. Dans ce cas, on remarque bien l'endroit où se trouve la première pierre, et on relève la ligne au moyen d'un crochet fixé à l'extrémité d'un long manche.

On peut encore, à la partie du cordeau qui se trouvera près de la rive, fixer une cordelette portant un simple bouchon de bouteille à son extrémité. Il suffit, dans ce cas, d'attirer le bouchon pour relever la ligne. Mais, ce flotteur rudimentaire, qui n'attirerait même pas les regards d'un profane, n'échapperait pas aux yeux du braconnier, qui connaît à fond toutes les ruses employées par les pêcheurs, et le mieux est encore de couler la ligne entièrement à fond avec un poids à chaque extrémité.

Ces lignes sont quelquefois très grandes, et portent plusieurs centaines d'hameçons. Dans ce cas, on fixe de place en place un plomb ou une pierre, pour les maintenir à fond dans toute leur longueur. On les pose en bateau, en zigzag, de façon qu'elles soient tendues d'une rive à l'autre et se trouvent toujours placées en travers du cours d'eau.

Mais les meilleures lignes de fond sont celles qui ne comptent que 5 ou 6 hameçons très espacés. Lorsqu'un gros poisson s'est fait prendre à une ligne, il se débat tellement, en effet, qu'il finit par l'emmêler, — ceci est vrai surtout pour l'anguille, — et qu'il est rare que d'autres poissons se fassent prendre à cette même ligne.

On amorce les lignes de fond avec vifs : goujons, ablettes, chabots, petits gardons, ammocètes ou chatouilles, etc. ; avec poissons morts — surtout pour l'anguille ; — avec vers de terre bien purgés et avec cubes de gruyère ou de viande.

Les poissons qui mordent à ces lignes sont tous les gros poissons de fond. On les place généralement sur les gués sablonneux ou graveleux qui se trouvent en amont des grands fonds, et où les poissons vont s'ébattre pendant la nuit et chercher leur nourriture. On les pose au moment du coucher du soleil et on les relève, au plus tard, lorsque le soleil se lève.

Pêche aux trimmers.

Le trimmer est une sorte de grosse toupie formée d'une rondelle plate et circulaire de liège ayant un diamètre de 15 centimètres environ, creusée sur sa périphérie d'une sorte de gorge qui lui donne la forme d'une poulie et traversée par une baguette de bois portant une fente à l'une des extrémités. Une ligne solide, en fouet ou en soie, de 15 à 20 mètres de long, est attachée à ce trimmer et enroulée sur la gorge, et l'extrémité de cette ligne lestée d'un plomb assez lourd porte un émerillon qui permet d'y attacher une empile en corde à guitare, fil d'acier ou chaînette de cuivre, munie d'un hameçon double. Sur le côté du liège, dans le même plan que la fente pratiquée à l'extrémité du bâtonnet de bois, on fait également une légère fente. On enroule la ligne dans la gorge, en laissant libre une partie à peu près égale ou plutôt un peu supérieure à la moitié de la profondeur de l'eau, et, au moyen d'une aiguille à amorcer, on esche l'hameçon avec un petit vif. On passe ensuite la partie libre de la ligne dans l'encoche pratiquée sur le liège, puis dans la fente du bâtonnet, et on laisse pendre de l'autre côté.

Il ne reste plus qu'à poser le trimmer. Le vif, aussitôt à l'eau, essaie de s'enfuir et attire par ses évolutions les poissons carnassiers qui chassent aux environs. Lorsque l'un d'eux mord, et se sent pris, il tire violemment sur la ligne. Celle-ci fait basculer l'engin, sort de la fente du bâtonnet et de l'encoche du liège, et commence à se dérouler, le trimmer tournant sur l'eau comme une véritable toupie. Comme le liège est peint de couleurs différentes sur chaque face, le pêcheur voit de suite, à la couleur, les trimmers dont le vif a été saisi par un poisson.

On pose les trimmers en bateau, et on les relève de même. On ne pratique guère cette pêche qu'en étang, car, dans les petites rivières, les poissons qui les amorcent auraient tôt fait de se dissimuler sous les berges ou au milieu des herbes. Cependant, dans les grands fleuves à courant lent, un pêcheur peut poser au milieu du cours d'eau toute une petite escadrille de trimmers et les surveiller en les suivant en bateau. On prend ainsi surtout du brochet et de la perche, et cette pêche, si elle n'est pas des plus productives, est néanmoins fort récréative.

CHAPITRE VI

PÊCHE PARTICULIÈRE DE CHAQUE POISSON

Voici peut-être, de tous les chapitres de cet ouvrage, le plus attendu des jeunes pêcheurs qui veulent bien me faire l'honneur de me lire. J'ai connu, à mes débuts, — qu'il y a longtemps de cela ! — cette fièvre de tout savoir, cette curiosité ardente qui nous fait rechercher à tous, pêcheurs ou chasseurs, les moindres renseignements susceptibles de nous guider, de nous diriger, de nous permettre de pratiquer avec le plus de profit le sport que nous aimons.

Si, comme cela se pratique quelquefois, je composais cet ouvrage sans avoir tenu une gaule de ma vie, je ne serais nullement embarrassé pour écrire ce chapitre.

Malheureusement — heureusement plutôt — je suis pêcheur et ma première parole sera un aveu d'impuissance, car je ne connais aucun procédé qui permette de prendre du poisson à coup sûr.

Cependant, de l'ensemble des observations que j'ai pu faire dans les divers endroits où j'ai péché, de l'ensemble des notes que j'ai prises ou qui m'ont été communiquées par d'habiles praticiens, on peut déduire certaines règles générales qui, pour n'être pas absolues, n'en sont pas moins exactes dans la plupart des cas, et de nature à guider utilement les jeunes pêcheurs.

Mais il ne faudra ni vous étonner, ni m'en vouloir, si vous ne réussissez pas toujours en les suivant. A la pêche, ce n'est pas comme à la baraque où

à tous les coups l'on gagne.

Il faut que le pêcheur qui veut réussir montre de l'initiative et de
l'intelligence, il faut qu'il soit débrouillard et patient. A cette condition, et à cette condition seulement, il arrivera, de temps en temps, à
remplir son filet.

Et, maintenant, étudions un peu la pêche de chaque poisson.

Pêche des petits poissons.

Le véron ou vairon, l'ablette, le goujon, sont trois petits poissons
dont la pêche, très amusante, convient particulièrement aux dames,
aux enfants et aux débutants.

Le véron est un poisson très petit, de couleur bronzée sur le dos,
grise sous le ventre avec les côtés tachetés. Sa peau est fine et garnie
d'écailles très petites. Sa longueur moyenne est de 7 à 8 centimètres.
Il n'est guère plus gros qu'une cigarette dans la partie la plus renflée
de son petit corps.

Il se tient presque toujours près du fond, vit surtout dans les petites
rivières et les ruisseaux garnis d'herbes, et recherche particulièrement
les abords des ponts, des barrages et des lavoirs.

Il se tient encore dans les endroits peu profonds, sur les gués et près
des bords, et partout où le fond est de gravier. Dans les rivières qui
lui conviennent il se reproduit abondamment, et de telle façon que,
souvent, le sol en est positivement couvert.

Il est très vorace et mord à toutes les esches, mais surtout à l'asticot,
au ver de vase et au ver de terreau coupé en fragments. On peut
l'amorcer avec des morceaux de pain de chènevis de la grosseur d'un
œuf de pigeon, dont il s'escrime à détacher quelques parcelles, mais il
est généralement si abondant qu'on peut en prendre de grandes quantités sans l'amorcer.

On le pêche avec une ligne très fine, qui peut être, sans inconvénient, d'un seul crin d'un bout à l'autre. On la montera avec une plume
légère — une plume de corbeau est largement suffisante — et un ou
deux grains de plomb, très petits, pour équilibrer cette plume.

On munit ordinairement cette ligne de plusieurs hameçons, n° 16
à 18, placés à 20 centimètres l'un de l'autre sur une empile en crin
d'une dizaine de centimètres.

On termine le bas de ligne principal par un hameçon semblable
aux précédents.

Une longueur de 2 m. 50 à 3 mètres sera largement suffisante pour
la ligne. La canne, en roseau léger, aura sensiblement la même lon-

gueur. Une canne rentrante en roseau est suffisante. C'est une pêche très amusante, car il arrive qu'on prend une centaine de vérons, et même davantage, en fort peu de temps.

Le véron est excellent en friture.

L'ablette.

L'ablette est un peu plus grosse que le véron. Elle a la tête petite, les écailles bleues sur le dos, et d'un blanc d'argent sur les côtés. Sa longueur varie de dix à quinze centimètres.

Elle aime les eaux courantes, peu profondes, mais assez rapides, et de même que le véron, se tient généralement à demi-fond. Lorsque le soleil monte, en été, et chauffe les eaux, elle vient à la surface, et s'y joue prestement. On en voit souvent alors de grandes quantités.

On en trouve aussi fréquemment à fond, mais ce sont alors de grosses ablettes qui atteignent presque toutes le maximum de leur taille.

On peut la pêcher avec la même ligne que celle qui a été décrite pour la pêche du véron. On pourra cependant, de crainte d'accident, établir le corps de ligne en deux ou trois crins tordus ensemble, à moins que l'on n'emploie un corps de ligne en quatre crins tordus sans nœuds à la machine.

On pêchera ordinairement à demi-fond, ou, à fond, lorsqu'on aura constaté la présence de grosses ablettes. Il est préférable, dans ce dernier cas, de ne laisser qu'un seul hameçon, ou deux au plus, à la ligne employée.

On l'amorce, à fond, avec des boulettes de terre garnies de crottin, d'asticots et de son mouillé ; à la surface, avec des pincées d'asticots et des poignées de son sec.

On la pêche à l'asticot, au ver de terre où à la mouche domestique. Les grosses se font prendre également quelquefois au blé.

Lorsque, par un beau soleil, elles se tiennent à la surface, on peut les pêcher avec une ligne sans plomb ni flotte, munie de 4, 5 ou 6 hameçons eschés d'asticots ou de mouches.

C'est cette ligne qu'un de mes bons amis a surnommée la *mitrailleuse à ablettes*.

Sa touche est vive. Il faut ferrer rapidement, quoique sans brusquerie.

Sa chair est molle et n'est bonne qu'en friture, mais sa pêche est amusante et productive. C'est, de plus, un poisson intéressant pour l'industriel, car c'est elle qui donne cette matière nacrée employée pour la fabrication des perles fausses.

Le goujon.

Le goujon est à peu près de la même taille que la grosse ablette. Il en diffère beaucoup par sa forme et par sa couleur. Son corps est arrondi, ordinairement d'un bleu foncé sur le dos, de couleur plus claire sur les flancs, avec un peu de blanc sous le ventre. Le dessous de sa bouche est plat, et elle est munie de deux longs barbillons.

Il vit ordinairement sur le fond, et ne le quitte que rarement pour se promener un peu entre deux eaux. Il recherche les fonds de sable ou de gravier fin, dans lesquels il trouve sa nourriture, et ne se tient jamais sur la vase. Il vit en troupes nombreuses.

On le pêche à fond, avec une ligne et une canne semblables à celles qu'on emploie pour l'ablette. Il est bon de laisser traîner la ligne d'une dizaine de centimètres sur le fond.

Ses appâts préférés sont le ver de terreau et le ver de vase, mais il mord quelquefois à l'asticot. Il donne deux ou trois secousses, puis file en entraînant la ligne. De même que le véron, il est facile à prendre, parce qu'il est très vorace.

On le pêche souvent en se tenant dans l'eau, qu'on trouble avec les pieds. Il accourt aussitôt, et se fait prendre dans les jambes du pêcheur.

Lorsqu'on pêche du bord, on peut, pour l'attirer, fouiller le sol au moyen d'une longue perche, munie à son extrémité d'une vieille savate.

C'est un poisson délicieux en friture, et très recherché des gourmets. Il est excellent également, parce qu'il a la vie fort dure, pour appâter les lignes destinées à la pêche des poissons carnassiers.

Autres petits poissons.

L'*épinoche*, très jolie de couleur, a le dos surmonté d'une épine. Elle est plus petite encore que le vairon, mord peu à la ligne et n'est pas comestible.

La *bouvière* est un fort joli poisson, presque transparent. Très petite, elle a la forme de la carpe. Immangeable à cause de son amertume, elle ne mord pas à la ligne.

La *loche de rivière* ressemble un peu au goujon et est à peu près de la même grosseur. Elle a une épine mobile et fourchue près de chaque œil. Sa chair, quoique un peu coriace, est assez estimée, mais elle ne mord pas à la ligne.

L'*ammocète, sucet* ou *chatouille*, ressemble assez à une petite anguille. On la trouve dans la vase. Elle ne mord pas à la ligne. Sa chair, paraît-il, est délicate. On emploie surtout ce petit poisson pour amorcer les lignes de fond.

Le *chabot* est un poisson affreux. Il a une tête énorme et deux nageoires en forme d'ailes. Il n'a, pour ainsi dire, pas de corps, et la queue commence aussitôt après la tête. Il mord au ver de terre, mais assez rarement. Sa chair est excellente, mais il faut lui enlever la tête avant de le faire cuire. On en prend peu à la ligne.

Pêche des moyens poissons.

De même que le véron, l'ablette et le goujon, peuvent se pêcher avec la même ligne et la même canne, on peut également se servir du même outillage pour les poissons que j'appellerai poissons moyens, c'est-à-dire pour tous ceux dont le poids ne dépasse pas deux à trois livres.

On peut, d'une manière générale, ranger dans cette catégorie les gardons, brêmes, hotus, tanches et chevesnes, bien que quelques-uns d'entre eux, et particulièrement les brêmes et chevesnes, puissent, quelquefois, dépasser notablement ce poids.

On pourrait également y comprendre les barbillons, ou jeunes barbeaux et les carpillons, ou petites carpes.

Pour tous ces poissons, je le répète, on peut employer la même canne et la même ligne, dussé-je, pour cette affirmation, encourir les foudres des pontifes.

Il n'est pas rare, d'ailleurs, lorsque vous avez amorcé un bon endroit, que vous y trouviez plusieurs espèces de poissons. On prend souvent, sur le même coup, des gardons, des brêmes et des hotus. On peut y prendre également des brêmes, des carpes et des tanches, ou ailleurs, des gardons, des hotus ou des barbillons. Alors, si vous vous en rapportez aux pontifes, quelle ligne prendrez-vous? Est-ce la ligne à gardons ou la ligne à brêmes, la ligne à hotus, ou la ligne à tanches? Non, laissez-moi rire. Il y a de quoi pour qui a pratiqué un peu.

Lorsque, pour la première fois, vous vous installez sur le bord d'une rivière que vous ne connaissez pas, et sur laquelle vous ne possédez aucun renseignement, prenez-moi donc une bonne canne en roseau solide, ligaturée entre tous les nœuds, munie d'un scion bien flexible en bambou blanc.

Attachez à cette canne une ligne en 4, 6 ou 9 crins tressés à la machine, sans nœuds, plume assez longue, bas de ligne en un seul crin de cheval éprouvé, d'une longueur à peu près égale au tiers de la longueur totale de la ligne, ou — avec les lignes en 6 ou 9 crins — bas de ligne en racine anglaise XXX à XXXXX ou X à XXX, suivant que vous serez plus ou moins exercé ou que vous croirez pouvoir compter sur des poissons plus ou moins gros.

Hameçons nᵒˢ 10 à 15, suivant l'esche, blancs et carrés de préférence. Plombs petits (nᵒˢ 6, 7, 8 et même 9, de Paris) assez nombreux pour bien équilibrer la plume, les plus petits en bas, naturellement, le premier à 35 centimètres de l'hameçon.

Voilà, suivant moi, la ligne type pour cette pêche. C'est, d'ailleurs, celle que je vous ai déjà recommandée au chapitre *Travaux pratiques du pêcheur*. Vous pourrez, cependant, lui faire subir de légères modifications, suivant la taille et la défense des poissons que vous espérez piquer.

Rappelez-vous seulement que, toutes les fois que vous pêchez à la ligne flottante, c'est-à-dire lorsque votre bas de ligne, portant l'appât, est entraîné par le courant, vous aurez toujours avantage à employer des bas de ligne en crin au lieu de bas de ligne en racine, lorsqu'ils ne seront pas notoirement insuffisants. De même, si vos bas de ligne sont en racine, vous les établirez toujours aussi fins que possible.

Il est d'ailleurs impossible de donner à ce sujet des règles fixes, et cela est facile à comprendre. Lorsque vous amorcez un coin où vous êtes assuré d'avance que vous prendrez, par exemple, des hotus et des brêmes de une à deux livres, ou des gardons d'une demi-livre à une livre, qui vous dit que quelque gros barbeau, à la recherche d'une friandise, passant là par hasard, ne saisira pas votre hameçon esché d'asticots, et ne brisera pas votre ligne en moins de temps qu'il n'en faut pour l'écrire? C'est une chose qui m'est arrivée souvent, qui est arrivée à tous les pêcheurs.

Est-ce que, à cause de cela, vous allez vous monter solidement, et en vue de soutenir une lutte avec les plus gros barbeaux? Ce serait folie. Il vous faudrait, dans ce cas, prendre une ligne très forte, mais plus grossière, à laquelle aucun poisson ne toucherait plus.

Non, vous conserverez votre ligne ordinaire, vous contentant de remplacer le bas-de-ligne. Mais, si le fait se renouvelle, vous en concluerez aisément qu'il y a là un certain nombre de belles pièces pour lesquelles votre ligne actuelle est insuffisante, et vous en prendrez une autre plus forte avec laquelle vous pêcherez spécialement ces gros poissons.

Cette ligne d'ailleurs, sauf pour les pêches spéciales, à soutenir, au grelot ou à la pelote, sera toujours établie sur le même principe. Vous choisirez seulement un corps de ligne plus solide, en 9, 12 ou 15 crins, ou en soie, et un bas-de-ligne en racine XX ou X, ou même en racine naturelle, plus ou moins forte, suivant votre habileté, la force du courant et la grosseur présumée du poisson.

Il en est de même pour les esches. Les professeurs de pêche vous diront gravement : Pêchez le gardon et le hotu au blé, la brême au ver, le barbillon au fromage, le chevesne à toutes les esches, etc.

Oui, je l'accorde, chaque poisson a ses préférences, mais, il faut bien le dire, elles ne sont pas les mêmes dans toutes les rivières, que dis-je ? dans toutes les parties de la même rivière, ainsi que vous ne tarderez pas à le constater vous-même. Sachez donc en changer suivant les circonstances et, encore une fois, mettez-vous bien en l'esprit qu'en matière de pêche, il n'y a que des règles générales, et pas de règles absolues.

Le Gardon.

Si l'on en excepte les petites espèces dont nous avons déjà parlé : vérons, ablettes et goujons, le gardon est, sans doute, le plus répandu de tous les poissons qui peuplent nos eaux.

On le rencontre en étang aussi bien qu'en rivière, et, dans celles-ci, aussi bien dans les rivières à courant lent que dans celles qui coulent plus rapidement. Dans ces dernières, cependant, il se tient de préférence dans les parties les plus calmes, sa forme trapue lui interdisant les eaux trop vives.

Il préfère les endroits profonds, à fonds de sable ou de grève, car c'est un poisson très propre, et recherche le voisinage des herbiers. Il ne dépasse guère le poids d'un kilogramme, et n'atteint presque jamais un kilogramme et demi.

Le gardon est un beau poisson, de la famille des cyprins. On le reconnaît surtout à ses nageoires rouges. Sa tête et son dos sont verts, avec des reflets d'un bleu d'acier. Les côtés sont moins foncés, le ventre blanc, les écailles lisses, les yeux entouré d'un cercle doré. On en reconnaît deux espèces : le gardon blanc et le gardon rouge ou rotengle. Le premier atteint une plus grande taille et vit surtout à fond. Le second se tient généralement entre deux eaux ou à la surface. On le trouve souvent en étang.

Ce n'est pas un bien bon poisson pour la table. La chair manque un peu de fermeté, et il renferme beaucoup d'arêtes. Cependant, lorsqu'il est bien frais et de taille raisonnable, on peut en faire un assez bon plat.

C'est peut-être le poisson le plus pêché.

Ce n'est pas cependant le plus facile à prendre et, surtout lorsqu'il atteint une grande taille, il faut un malin pêcheur pour le capturer. Sa touche, en effet, est fort peu visible, la plume s'enfonce à peine et il faut bien saisir le moment propice pour ferrer.

On doit, pour cette pêche, observer le plus grand silence et éviter, autant que possible, de marcher sur le sol ou dans le bateau, car le plus petit bruit le met en fuite.

Une ligne tout en crin, avec bas-de-ligne en un crin bien éprouvé, est parfaitement suffisante pour les gardons moyens. Lorsqu'on aura affaire à de très gros poissons, on pourra empiler l'hameçon, n°s 12 à 15, sur racine anglaise XXXXX ou XXXX.

La pêche du gardon nécessite un bon amorçage, composé de boulettes de terre renfermant du pain de chènevis écrasé, des asticots et du blé cuit.

On le pêche ordinairement à l'asticot, au blé, au ver de vase, au cherfaix, au ver de terre, au pain ou à la pâte. Dire quelle est la meilleure de ces esches est impossible, car l'une réussit fort bien dans une rivière qui ne donne aucun résultat dans une autre.

Pour mon compte, je préfère l'asticot, — deux, trois ou quatre, accrochés par la queue. — En cas d'insuccès, j'emploie le blé, avec lequel on réussit généralement fort bien, puis le pain. Les vers de vase conviennent surtout pour les petits gardons.

On prend généralement le gardon à fond, l'hameçon affleurant le sol en eau calme ou traînant très légèrement sur les fonds de sable en eau courante.

La touche du gardon est à peine sensible; il aspire lentement l'esche, et la plume s'enfonce très peu. Il faut ferrer à la moindre oscillation de cette plume. Les plus petites touches, d'ailleurs, sont généralement produites par les plus beaux gardons.

Lorsqu'il y a beaucoup d'ablettes à l'endroit, on est souvent forcé d'employer une plume assez grosse, et de plomber plus fortement, afin de soustraire l'esche rapidement aux ablettes qui se jouent à la surface. L'extrémité inférieure de cette plume, dans tous les cas, devra être très pointue, afin de s'enfoncer à la moindre touche, et le flotteur sera équilibré avec d'autant plus de soin qu'il sera plus gros.

Le gardon se défend vivement tout d'abord, et se jette rapidement de tous côtés. Cependant, sa défense n'est pas de longue durée.

Pendant les mois d'été, on pêche quelquefois le gros gardon à la surface, à la mouche naturelle ou artificielle. Les mouches de maison, les sauterelles, les grosses mouches jaunes qu'on trouve sur les bouses de vache sont recherchées pour cette pêche.

La Brême.

Pour n'être pas aussi commune que le gardon, la brême ne se rencontre pas moins fréquemment dans nos rivières. Elle aime les cours d'eau tranquilles et profonds, et, en général, on n'en rencontre pas dans les eaux rapides.

Elle recherche les fonds de sable ou de gravier. On en trouve cependant beaucoup également dans les rivières à fond vaseux, ainsi que dans les étangs, mais, dans ce cas, leur chair a un mauvais goût et est peu délicate.

C'est un poisson craintif et timide, et c'est pourquoi, sans doute, les brêmes vivent toujours en bandes composées de nombreux individus. Elles se nourrissent surtout de matières végétales.

Elles peuvent atteindre une très grande taille et un poids de 4 à 5 kilogrammes. Celles qu'on prend communément, en pêchant à la ligne flottante, pèsent de une à quatre livres.

La brême est un poisson large et plat, et c'est pourquoi elle aime les eaux tranquilles. La tête est petite, les écailles grandes. Sa couleur dominante est le blanc, avec le dos verdâtre, à reflets dorés. Ses nageoires sont blanches également, sauf la nageoire anale, qui est plus foncée.

On en distingue deux espèces principales : la brême commune, qui vient d'être décrite, et la brême bordelière, — ainsi nommée, dit-on, parce qu'elle fréquente le bord des rivières, — qui est toujours de petite taille, remplie d'arêtes, et dont la chair est détestable.

La brême passe pour un poisson médiocre. Cependant, lorsqu'elle est de grande taille, qu'elle a été pêchée en rivière, sur fond de sable, cuite dans un court-bouillon bien relevé et servie à la maître-d'hôtel, avec fines herbes, c'est un mets délicieux.

Elle est très bonne également avec une sauce mayonnaise.

L'amorçage, pour la brême, est à peu près celui qui a été décrit pour le gardon. On fera bien, cependant, d'y ajouter beaucoup de pain, de l'orge cuite, qui est recherchée par ce poisson, des vers de terre coupés en morceaux, du son et de la farine.

On réussit généralement bien, au printemps, avec l'asticot et le ver de terre rouge à tête noire. En été et en automne, l'asticot et le ver rouge donnent encore d'excellents résultats, ainsi que le blé cuit et quelquefois le ver de vase.

On la pêche également avec des vers de farine, des chenilles, etc...

On peut de même employer une des pâtes dont la composition a été indiquée à l'article appâts ou esches.

La mie de pain, employée à l'état naturel ou pétrie en boulettes, la croûte de pain découpée en petits cubes, sont préférés de beaucoup de pêcheurs.

On peut la pêcher en hiver en faisant un trou dans la glace. Elle mord alors parfaitement au ver de terre.

Choisissez, pour pêcher la brême, un endroit où l'eau soit profonde, et abritée par de grands arbres. Opérez de la même façon que pour le gardon et avec la même ligne.

Vous pourrez seulement, si vous voyez que vous avez affaire à de très belles pièces, employer un bas-de-ligne en racine XXXXX ou XXXX, au lieu du bas-de-ligne en crin qui est très recommandable pour le gardon.

La brême, généralement, mord lentement. Tout à coup, la plume s'arrête. On se demande si l'on n'est pas accroché. Puis, elle s'enfonce doucement, d'un mouvement presque insensible. Il faut alors se hâter de ferrer, quoique sans brusquerie.

Quelquefois aussi, la plume se met horizontalement sur l'eau. C'est ce qu'on appelle le coup de relevage de la brême. Quoiqu'en disent certains auteurs, ce relevage se produit plutôt rarement.

Quelquefois, et surtout en eau relativement rapide, lorsque la proie est entraînée par le courant, ce qui lui fait craindre de la voir s'échapper, elle mord avec plus de rapidité. Souvent, d'ailleurs, et sans qu'on puisse bien déterminer pour quelle raison, et probablement parce que l'appât lui convient parfaitement, elle mord vivement, même en eau calme.

Lorsqu'une grosse brême se sent piquée, elle ne bouge plus, tout d'abord, et se tient à fond. Si vous essayez de l'amener à fleur d'eau, elle s'enfuit, ne fait pas de grands mouvements, mais tire avec opiniâtreté sur la ligne, nageant, le plus souvent, le nez dans le courant. Elle ne tarde pas, cependant, à renoncer à la lutte, se laisse remonter et s'étale à la surface.

Gare cependant au dernier moment ! Lorsqu'elle aperçoit l'épuisette, la brême la plus placide donne souvent un coup de queue, et réussit à se décrocher, à moins qu'elle ne casse la ligne. Elle a d'ailleurs la bouche sensible, et il convient de ne pas la brutaliser.

Le Hotu.

Voici certainement l'un des plus mauvais poissons de nos rivières, et il faut avouer qu'il est généralement tenu en piètre estime. C'est, malheureusement, à l'heure actuelle, l'un des plus répandus, et, au train où vont les choses, il est fort à craindre qu'il ne finisse, un jour, par supplanter les autres espèces.

Il vit à peu près dans les mêmes eaux que le gardon et la brème. Cependant, il préfère les courants un peu vifs aux eaux calmes qui conviennent à cette dernière, et, en rivière, on en prendra souvent en pêchant le gardon.

Il aime, d'ailleurs, lui aussi, les parties profondes des cours d'eau.

C'est un vilain monsieur, qui se repaît sans vergogne de la progéniture de ses compagnons. Il a, en effet, la réputation de manger le frai des autres poissons, et il ne mérite que trop cette réputation.

Il vit en famille, comme la brème, et il est rare qu'on n'en prenne pas plusieurs à l'endroit où l'on a réussi à en capturer un. Dans certains cours d'eau, les hotus tapissent littéralement le fond de la rivière.

Il peut atteindre le poids de cinq livres avec une longueur de 50 à 60 centimètres. Ceux qu'on prend ordinairement pèsent d'une demi-livre à trois livres, et quand il atteint ce dernier poids, c'est déjà un fort beau poisson.

Très élancé de forme, il ressemble assez au chevesne. Il a le dos noirâtre, les côtés jaunâtres, le ventre d'un blanc ivoirin. Les nageoires dorsale et caudale sont d'une couleur foncée, les pectorales et anale d'un rouge vif.

Mais, ce qui le fait surtout reconnaître, c'est la forme toute particulière de sa lèvre supérieure, qui atteint presque un centimètre d'épaisseur, et ressemble à un nez épaté.

Il est, malheureusement détestable au point de vue culinaire. Son corps est rempli d'arêtes dans toutes ses parties, et surtout dans la queue ; sa chair est molle et sans saveur, et il a toujours un goût de vase plus ou moins prononcé.

Lorsqu'on l'a vidé, on trouve la paroi abdominale couverte d'une matière noire et très épaisse qu'on doit absolument enlever si l'on veut que le poisson soit à peu près mangeable.

Il faut le faire cuire dans un court-bouillon excessivement relevé et, lorsque l'eau commence à bouillir, la jeter et la remplacer par une seconde eau afin de lui enlever le plus possible son goût de vase.

On le mange avec une mayonnaise ou une rémoulade. On peut aussi, paraît-il, après l'avoir fendu, le faire cuire sur le gril.

Quoi qu'on fasse, d'ailleurs, il n'est jamais bon.

L'amorçage du hotu ne diffère pas sensiblement de celui du gardon et de la brême. J'ai constaté, cependant, que le pain de chènevis employé en morceaux de la grosseur d'un petit pois, donnait d'excellents résultats. Il ne faut donc pas craindre d'en introduire dans les boulettes. Le blé cuit, aromatisé avec quelques gouttes d'alcoolat d'anis, et deux ou trois bonnes poignées d'asticots, introduits au milieu de la boulette de terre glaise, font merveille.

Mais, je le répète, j'ai toujours remarqué que le pain de chènevis, surtout, était très apprécié des hotus, et il m'a été donné, souvent, d'en trouver de grandes quantités, provenant de mon amorçage, dans les intestins de ceux que j'ai capturés.

Ordinairement, je pêche le hotu à l'asticot et au blé. A ne vous rien céler, de même que pour le gardon et la brême, j'essaie d'abord l'asticot, et je n'emploie le blé que si l'asticot ne rend pas.

On pêche le hotu avec la même ligne que le gardon. Il arrive très souvent, d'ailleurs, qu'on en capture en pêchant le gardon, et réciproquement.

Le hotu mord franchement. Sa touche est assez lente et profonde. On ferre lorsque la plume disparaît sous l'eau. Il semble, alors, qu'on décolle ce poisson du fond. Il lutte vigoureusement, mais sans brusquerie, et ne se jette pas de côté et d'autre avec la vivacité du gardon.

Il ne s'entête pas non plus, comme le fait souvent la brême, à piquer obstinément dans le courant pour s'éloigner du pêcheur. Il promène la ligne de côté et d'autre, cherche à se mettre à l'abri derrière une touffe d'herbe et ne se rend qu'après avoir lutté consciencieusement. Comme les précédents, il a la bouche sensible et, surtout lorsque l'hameçon est piqué dans la lèvre supérieure, il lui arrive assez souvent de se décrocher. Il ne faut donc pas le malmener.

Le Chevesne.

Sauf d'assez rares exceptions. le gardon, la brême, et le hotu, qui ont été étudiés précédemment, se capturent généralement à fond. Le chevesne et la vandoise, au contraire, mordent aussi bien à la surface qu'à fond, et forment, pour ainsi dire, une catégorie spéciale.

Le chevesne est l'un des poissons les plus répandus dans nos rivières. Tout le monde l'a vu se prélasser au soleil, et fuir, avec une rapidité surprenante, au moindre mouvement de l'observateur.

Il recherche les abords des ponts, les chutes d'eau auprès des moulins, les embouchures de rivière. On peut le prendre également dans les canaux, où les gros se tiennent surtout près des écluses.

Il vit en société, et il n'est pas rare de voir des troupes nombreuses de chevesnes, immobiles à la surface lorsqu'il fait un beau soleil, ou circulant à mi-fond.

Il peut atteindre une très grande taille, 50 à 60 centimètres de longueur, et le poids de 4 kilogrammes. Mais, ces poissons sont assez rares, et mordent peu à la ligne. Ceux qu'on capture généralement de cette façon ne dépassent guère le poids de 3 livres.

C'est un joli poisson, de forme allongée, qui nage avec une rapidité foudroyante. Il a la bouche grande, avec de gros yeux ronds, les nageoires peu développées, et blanchâtres, sauf la dorsale, qui est bleutée. Les écailles sont assez larges, d'un bleu noirâtre sur le dos, de couleur blanche sur le reste du corps, et particulièrement sur le ventre, ce qui, dans certains pays, lui a fait donner le nom de « blanc ». Il a d'ailleurs une infinité d'autres noms, et c'est ainsi qu'on l'appelle encore juesne, ou juerne, meunier, chaboisseau, rotisson, etc., etc.

Il est rempli d'arêtes, et sa chair molle est peu estimée. Très vorace, il mord à toutes les esches. Aussi le prendra-t-on souvent en pêchant au coup le gardon, la brème et le hotu. Lorsqu'on voudra l'attirer spécialement sur le coup, il est bon d'ajouter à l'amorçage employé pour ces poissons du crottin de cheval, du sang desséché et du pain de creton.

En dehors des esches employés pour les poissons précédents, on peut encore prendre le chevesne en pêchant avec de la moelle de bœuf, débarrassée de la peau qui la recouvre, et que l'on coupe en morceaux bien blancs pour mettre à l'hameçon. On amorce, dans ce cas, en jetant à fond de la moelle écrasée.

Lorsqu'on le pêche au sang, il faut l'amorcer un peu à l'avance avec du sang desséché ou du sang frais qu'on peut se procurer facilement chez un boucher.

Le sang employé comme esche doit avoir une certaine consistance. Voici, d'après le « pêcheur praticien » de l'encyclopédie Roret, comment on peut lui donner cette consistance :

« Il faut d'avance préparer du sel bien égrugé, et, à mesure que le sang coule de la blessure de l'animal dans le vase où on le reçoit, on le saupoudre de sel d'une main, et de l'autre on agite avec un bâton.

Lorsqu'on a la quantité désirée, on y ajoute un petit verre d'absinthe en liqueur, et on laisse figer le tout. Lorsqu'il est bien figé, on le place entre deux larges planches que l'on charge de pierres ou de tout autre poids lourd. On le laisse douze à quinze heures dans cette position, et sous cette pression, le sang est devenu plat comme la main et s'est dégagé de toute la partie aqueuse : il est assez dur pour servir d'esche et tenir à l'hameçon assez solidement... »

Il est bon, dans ce cas, de découper ce sang en petits cubes et de pêcher avec un hameçon triple. On passe l'empile à travers le petit cube de sang, on tire jusqu'à ce que les pointes de l'hameçon triple soient implantées dans ce cube, et on rattache l'empile au bas-de-ligne au moyen du nœud de pêcheur ou à l'aide d'un petit émerillon. Le système dit à porte-mousqueton, là encore, est très pratique.

Lorsque, en été ou en automne, on pêche à la cerise ou au raisin, il est bon d'amorcer en jetant à l'eau, la veille, quelques poignées de cerises ou de grains de raisins, après avoir coupé la queue de ces fruits avec des ciseaux.

En hiver et au printemps, on peut encore pêcher le chevesne au vif, en eschant l'hameçon avec un petit véron. Cette pêche est assez délicate, parce que le chevesne ne se prend pas seul, comme le brochet, par exemple, et il faut bien surveiller la ligne pour ferrer au bon moment.

Mais, la meilleure façon de pêcher le chevesne, la plus attrayante et la plus passionnante, est la pêche de surface, à la mouche artificielle. On emploie, dans ce cas, les mouches « araignées », qui sont très meurtrières, lorsqu'elles sont lancées par un habile pêcheur. Souvent, on est obligé de pratiquer cette pêche d'un bateau. Le batelier, dans ce cas, doit être très adroit, bien conduire sa barque au milieu de la rivière, en suivant le courant, et ne faire aucun bruit.

Enfin, on peut encore pêcher le chevesne à la surface, en pratiquant la pêche dite aux insectes naturels et à la surprise. Ces deux pêches ont été décrites précédemment, et le lecteur n'aura qu'à s'y reporter.

Il n'est pas nécessaire, pour ces pêches de surface, d'être monté aussi finement que pour la pêche au coup, mais il est indispensable de bien présenter l'amorce au poisson. Lorsqu'il sera piqué, il faudra l'empêcher avec le plus grand soin de se cacher dans les herbes ou sous les berges. Si la canne et la ligne sont solides, on peut d'ailleurs le malmener un peu, car sa bouche ne se déchire pas facilement.

La vandoise.

La vandoise est un joli petit poisson qui ressemble assez au chevesne pour qu'on la confonde avec lui. Elle en diffère cependant un peu, ayant la tête plus allongée, les nageoires et écailles un peu plus teintées, et sept rayons rameux à la nageoire dorsale.

Elle aime les eaux vives et claires, où elle vit en troupes, et vient souvent s'ébattre au soleil. Elle est très vive, et, pour cette raison, est vulgairement appelée « dard ». Sa taille ne dépasse guère 20 à 25 centimètres. Elle se nourrit d'insectes et de vers.

On la pêche à fond, de la même manière et avec les mêmes engins que le gardon, et, à la surface, comme le chevesne, avec la mouche naturelle ou artificielle et les insectes. Elle mord très rapidement, et il est rare que le pêcheur ne se laisse pas surprendre. Sa chair molle et remplie d'arêtes est peu estimée.

La tanche.

Voici un poisson assez rare en rivière, mais que l'on trouve en grand nombre dans les étangs et les canaux. Elle vit également bien dans les trous, même à fond très vaseux, et dans les abreuvoirs situés au milieu des villages. Il n'est même pas rare d'en prendre d'énormes quantités dans les excavations provenant d'anciennes carrières et dans les mares qui, au milieu des plaines, reçoivent les eaux de pluie.

La tanche vit facilement hors de l'eau, et peut supporter de longs transports. Sa fécondité est très grande. Le poids de celles qu'on prend le plus souvent ne dépasse guère deux à trois livres. On prétend cependant qu'il y en a de beaucoup plus grosses.

C'est un poisson assez large, au corps trapu et comprimé, enduit d'une matière gluante et huileuse qui empêche de le tenir entre les doigts, et remarquable par la petitesse de ses écailles et la forme arrondie de ses nageoires. Il est généralement de couleur foncée, d'un vert bronzé à reflets dorés, et sa livrée est d'autant plus sombre qu'il vit dans des eaux plus bourbeuses. Les couleurs du mâle, cependant, sont plus claires que celles de la femelle.

Les opinions sont très partagées au sujet de la qualité de sa chair, et certains écrivains la dédaignent complètement. Tel n'est pas cependant mon avis, car, ayant mangé des tanches que j'avais capturées en eau assez limpide, j'ai été surpris de la finesse et de la délicatesse de leur chair.

Il importe seulement, lorsqu'on veut servir sur la table des tanches capturées dans des eaux vaseuses, de les mettre dégorger quelques jours à l'avance en eau limpide.

Il est souvent assez difficile d'amorcer la tanche, à cause de son habitat. Le ver de terre rouge à tête noire serait, en effet, la meilleure amorce à employer, mais, la tanche vivant en général dans des eaux à fond vaseux, on risquerait fort de voir les vers s'enterrer aussitôt à fond, et on ne peut guère amorcer que lorsque ce fond est légèrement graveleux, auquel cas on peut également se servir d'asticots.

La meilleure de toutes les esches, pour la tanche, est le ver de terre rouge à tête noire, qu'on emploie avec numéro 8 à 10 monté sur racine anglaise. On peut aussi la pêcher, en fin de saison, avec des asticots, et même avec une pâte de pain et de miel.

Il faut, bien entendu, pêcher toujours à fond, plomb à terre, de façon que l'empile tout entière soit allongée sur le lit de l'étang ou du cours d'eau. La tanche mord lentement, surtout avec le ver, qu'elle avale par petits coups, ce qui fait tressauter le bouchon. Il ne faut pas se hâter de ferrer, et attendre, au contraire que le flotteur file au large. Pour cette raison, lorsqu'on y est autorisé, on peut facilement la pêcher à plusieurs lignes.

On reconnaît souvent la place où se tiennent les tanches aux globules de gaz qu'elles font remonter à la surface en cherchant leur nourriture dans la vase. Lorsque la tanche est piquée, elle cherche à gagner les herbes ou à s'envaser. Il suffit, pour s'en rendre maître, de la maintenir ferme jusqu'à ce qu'elle soit fatiguée.

Le barbeau.

Avec le barbeau, appelé communément barbillon aux environs de Paris, nous quittons les poissons moyens pour nous attaquer aux gros. Celui-ci, en effet, peut atteindre une grande taille. C'est, de plus, un animal excessivement robuste, et qui lutte consciencieusement avec le pêcheur.

Il recherche les eaux profondes, vives, à fond ou bord garni de grosses pierres, où il aime à se cacher, ainsi que sous les berges. Il se tient généralement à fond, et se nourrit de vers, d'insectes et de débris de cadavres d'animaux. Il peut atteindre, et même dépasser, une longueur de 75 centimètres et un poids de 15 livres, lorsqu'il vit dans de grands cours d'eau, mais ceux qu'on prend ordinairement à la ligne, dans ces cours d'eau, atteignent rarement 6 à 8 livres, ce qui est déjà fort beau. Dans les petites rivières, il ne dépasse guère le poids de 3 à 4 livres.

C'est un joli poisson, au corps arrondi et allongé, parfaitement conformé pour vivre en eau rapide. Ses écailles sont assez fines, d'un gris verdâtre sur le dos, bleues de chaque côté, et d'un blanc de plus en plus pur à mesure qu'elles se rapprochent du ventre. Sa nageoire caudale, petite, est de couleur foncée. On le reconnaît surtout aux quatre barbillons qu'il porte à la mâchoire supérieure.

Lorsqu'il est tout petit, ce poisson ressemble un peu au goujon, et entre avec lui dans la composition des fritures. Il est alors assez estimé. De taille moyenne, au contraire, il est plutôt dédaigné, à cause de ses nombreuses arêtes. Sa chair, d'ailleurs, est d'autant meilleure qu'il a été pris en eau plus courante. Les barbeaux de très grande taille sont au contraire fort recherchés. Sa tête, très grasse, est excellente, mais ses œufs sont à rejeter, car ils ont souvent provoqué des indispositions.

On amorce le barbeau avec des pelotes de terre glaise garnies d'asticots, de crottin et de gruyère très vieux et très parfumé. Le gruyère, en effet, est rempli d'attraits pour le barbeau. J'ai indiqué précédemment comment dans certains pays, on l'amorce au moyen de mâchefer frotté de vieux gruyère.

On le pêche avec de petits cubes de ce fromage ramollis dans du lait, avec des vers de terre, particulièrement pendant les saisons froides, et, en été, avec l'asticot ou le ver à queue, qui sont alors ses appâts préférés. On peut également employer la viande cuite ou crue, le mou de veau, par exemple.

Lorsqu'on recherche particulièrement le barbeau et que l'on pêche à un endroit où ils vivent en grand nombre, il ne serait pas prudent de se contenter des engins recommandés pour les poissons moyens. On fera bien, dans ce cas, d'employer une canne en bambou, hickory ou Greenhart, montée avec porte-moulinet, car le moulinet, pour cette pêche, est presque indispensable. Le corps de ligne sera en soie tressée et vernie, avec bas de ligne en racine teinte assez forte, hameçon numéro 6 à 8, bouchon moyen au lieu de plume. On pêchera toujours à fond et aussi loin que possible.

Jusqu'à présent, et sauf en ce qui concerne la force des engins à employer, cette pêche diffère peu de la pêche aux poissons moyens. Cependant, si l'on s'attaque spécialement au barbeau — et notamment au gros barbeau — et si l'on est autorisé à le faire, on aura plus de chances de réussir, et surtout de capturer les grosses pièces, en pratiquant les différentes variétés de pêche à soutenir, au grelot ou à la pelote, décrites précédemment.

Le barbeau mord brutalement, et, avec lui, il faut se hâter de ferrer, lorsqu'on voit le bouchon disparaître, ou, lorsqu'on pêche à soutenir à la main, dès que l'on sent une touche franche. Ce n'est d'ailleurs qu'à force de pratiquer cette pêche qu'on saura reconnaître le moment propice. Le barbeau ayant la bouche dure, il ne faut pas craindre de ferrer fortement, afin que la pointe de l'hameçon pénètre bien. Sa force de résistance est énorme, et il lutte énergiquement avec le pêcheur. Cette pêche est donc l'une de celles qui procurent les plus fortes émotions.

La carpe.

Voici l'un des plus beaux et des meilleurs poissons de nos eaux. On le trouve à la fois dans les étangs, canaux et rivières. La carpe s'accommode assez facilement, d'ailleurs, de toutes les eaux, pourvu qu'elles ne soient pas trop rapides. Elle ne vivrait pas, cependant, dans les étangs et mares malpropres où l'on peut élever la tanche et où celle-ci, seule, peut prospérer.

La carpe est un poisson timide et qui s'effraie facilement, mais, lorsqu'elle atteint un certain âge surtout, elle est excessivement maligne et rusée, et si l'on peut prendre facilement, en étang, les jeunes carpillons qui n'ont encore rien vu et qui, d'ailleurs, y manquent souvent de nourriture lorsqu'ils y sont trop nombreux, la capture d'une carpe adulte, en rivière, est un fort beau coup de ligne, dont peut s'enorgueillir à bon droit le pêcheur qui la rapporte dans son filet.

C'est que la vieille carpe ne se laisse pas attirer par l'appât plus ou moins bien présenté qui se balance dans la rivière. Il faut, pour qu'elle se décide à mordre, qu'elle trouve cet appât sur le fond et qu'il diffère le moins possible de ceux dont elle s'est déjà nourrie, et le pêcheur de carpes devra mettre en œuvre tout son savoir et toute son habileté pour arriver à ce résultat.

Ce poisson très prolifique se nourrit d'insectes, qu'il vient quelquefois happer à la surface, de vers, de débris végétaux et du frai des autres poissons. Il a une existence très longue, et, en vieillissant, blanchit et perd une partie de ses écailles. On connaît des exemples de carpes centenaires, et tout le monde a pu admirer, dans les bassins de Versailles et de Fontainebleau, des spécimens de ces poissons ayant atteint des dimensions prodigieuses.

La carpe fraye toujours en eau tranquille, et, lorsqu'elle vit en rivière, elle se met à la recherche de ces eaux dès le mois de mai. Si elle rencontre des obstacles sur sa route, elle les franchit aisément, en effectuant le fameux saut auquel on a donné le nom de saut de carpe.

En temps ordinaire, elle ne sort guère de sa retraite dans les herbes, mais elle circule un peu pendant les grandes chaleurs.

C'est un poisson au corps aplati, comprimé, remarquable par ses grandes écailles, d'un vert sombre sur le dos, d'un jaune doré sous le ventre, et par le développement de sa nageoire dorsale. On en trouve plusieurs variétés, auxquelles on donne le nom de carpe à cuir et à miroir. Sa chair est excellente lorsquelle a été capturée en rivière. Lorsqu'elle provient d'un étang, il est préférable, comme pour la tanche, de la laisser séjourner en eau pure pendant une semaine environ avant de la manger. Comme cette dernière, elle supporte facilement les transports à longue distance.

Lorsqu'on veut pêcher la carpe, il est nécessaire de l'amorcer à l'avance, pendant quelques jours de suite, et sans la pêcher, afin qu'elle s'habitue à venir sur le coup préparé. Cet amorçage se compose de blé, avoine, orge cuits, pain trempé, vers et asticots. Avant d'amorcer, il est utile de prendre le fond, afin de n'avoir plus besoin de le faire quand on viendra pour pêcher. Lorsque ce fond est vaseux, quelques pêcheurs ont l'habitude de déposer l'amorçage sur une large planche alourdie avec de la glaise et qu'ils descendent au fond de l'eau.

La carpe ayant une prédilection marquée pour les odeurs, on peut parfumer les grains qui servent d'amorce.

On pêche la carpe, bien à fond, avec vers et asticots au printemps. En été, on réussira mieux avec du blé cuit aromatisé, et surtout avec la fève cuite, qui est peut-être son appât préféré. Elle mord parfaitement, d'ailleurs, à la pâte de mie de pain et de miel, à laquelle on ajoute quelquefois un peu de chènevis écrasé et de fromage, et qu'on peut parfumer légèrement.

On pêche les petites carpes de la même façon que le gardon et la brème. Mais, lorsqu'on sait, à n'en pas douter, qu'on a affaire à de grosses pièces, il faut, de toute nécessité, prendre une canne de bambou, montée avec un porte-moulinet, une forte ligne de soie, avec bas de ligne en solide florence, hameçons numéros 6 à 10, et pratiquer l'une des pêches à soutenir décrites précédemment.

Plus encore qu'avec tout autre poisson, il convient, avec la carpe, de ne pas se montrer et de ne faire aucun bruit.

En étang, avant de ferrer, il faut donner à la carpe le temps d'avaler l'appât. En rivière, elle mord plus rapidement, et, pour cette raison, on ferrera au premier plongeon du flotteur.

La défense de la carpe est terrible. Si le barbeau est brutal, elle est,
elle, aussi forte que rusée. Il faudra donc la maintenir solidement,
employer le moulinet, l'empêcher de s'enfuir dans les herbes, et, lorsqu'on la jettera enfin sur la berge, on fera bien de la porter loin du
bord et de la surveiller, afin qu'elle ne retourne pas à l'eau en faisant
quelques sauts... de carpe.

POISSONS CARNASSIERS

Si je n'ai pas insisté très longuement sur les poissons qui viennent
d'être étudiés : gardons, brêmes, hotus, chevesnes, vandoises, tanches,
barbeaux et carpes, c'est que les procédés de pêche qui leur sont applicables diffèrent en somme très peu. Les cannes et lignes qui leur
conviennent sont établies sur le même principe, et leur force, seule,
varie en raison de la force et de la grosseur de ces poissons.

De même, et d'une manière générale, on peut dire que les pages
relatives à la recherche d'un coup, à la pratique de la pêche au coup et
à l'amorçage nécessaire pour cette pêche peuvent s'appliquer à tous
ces poissons indistinctement. Il ne restait donc, dans l'étude particulière
à chacun d'entre eux, qu'à faire connaître en quoi ils diffèrent les uns
des autres et qu'à indiquer, au cas où l'on aurait l'occasion de s'attaquer plus spécialement à l'une de ces espèces, les amorces et appâts
qu'elle préfère généralement.

Il n'en est plus de même pour les poissons dont l'étude va suivre.
Pour pêcher ceux-ci, il faut des cannes et des lignes différentes de celles
qui sont employées pour la pêche au coup. Les procédés de pêche étant
différents également, ceux-ci seront étudiés plus longuement que ne
l'ont été les précédents.

La finesse de leur chair, leur poids et les difficultés de leur capture
justifient amplement, d'ailleurs, la place plus considérable qui leur est
accordée dans cet ouvrage.

Le brochet.

Voici certes, de tous les poissons de nos rivières, celui qui mérite le
mieux le nom de poisson carnassier. Si la perche, en effet, de même
que le tigre « toujours altéré de sang » — suivant un vieux cliché, aussi
faux d'ailleurs qu'il est ancien — ne laisse guère passer de petits pois-

sons sans les attaquer ; si la truite, le saumon, se nourrissent, eux aussi, de menu fretin ; si le chevesne lui-même, le goulu ! ne se gêne pas à l'occasion, pour s'offrir un léger véron ou une ablette frétillante, aucun de ces poissons, en vérité, ne consomme autant que le brochet, auquel on a donné le surnom, bien mérité, de *requin des eaux douces*.

Le brochet vit très bien en étang, où il peut atteindre une grande taille. On le trouve également dans tous nos cours d'eau, rivières et fleuves, mais surtout, d'une manière générale, dans ceux dont le courant n'est pas très rapide. Il se tient habituellement dans les grands fonds.

En rivière, et en été, quand les eaux sont claires, on le rencontre dans les herbes et les roseaux, particulièrement lorsqu'ils bordent des courants assez forts, ayant une certaine profondeur.

On le retrouvera également dans les parties profondes qui succèdent aux barrages. Sous les remous, dans les fonds où le courant est atténué, ils vivent en grand nombre.

En étang, il se tient près des herbes et des roseaux, et, comme toujours, dans les parties profondes, surtout si près de là se trouve une place claire où vient s'ébattre le petit poisson qui lui sert de nourriture.

En hiver, cherchez-le dans les grands fonds d'eau calme, à l'embouchure des fossés ou des bras morts, dans les tournants sans courant, à l'extrémité d'aval des îles et des touffes de roseaux.

Des places excellentes, aussi bien en étang qu'en rivière, sont celles où le fond est tapissé d'une couche d'herbe qui n'atteint pas la surface de l'eau. Si l'on peut, du bord ou d'un bateau, lancer un vif au-dessus de ces herbes, il y aura bien des chances pour qu'il soit saisi par un brochet, lorsque la rivière ou l'étang en contiennent quelques-uns. Quels que soient d'ailleurs l'endroit et la saison, on est assuré de la présence d'un brochet, lorsqu'on voit les petits poissons faire des bonds hors de l'eau dans toutes les directions. Il faut, dans ces cas, lancer le vif immédiatement, et le plus doucement possible, à l'endroit même où l'on a vu danser le menu fretin.

C'est surtout à l'automne qu'on a des chances de capturer le brochet. A ce moment, le petit poisson, qui était relativement abondant pendant l'été, et s'offrait de lui-même au terrible destructeur, commence à devenir rare, et celui-ci le recherche avidement. Comme il est très casanier, on peut laisser une ligne à l'endroit où l'on a constaté la présence d'un brochet, et l'on peut être à peu près sûr de l'y capturer.

Le brochet fraye de février à juin, plus ou moins tôt suivant la température.

Il se jette sur tout ce qui remue : petits poissons, vers, grenouilles, souris, rats d'eau, canetons, couleuvres, etc.

On en a vu, déjà, s'emparer d'oiseaux qui venaient boire à la surface de l'eau.

J'ai capturé, personnellement, des brochets d'une demi-livre à une livre avec de la pâte à gardons, un brochet de 820 grammes à l'asticot, et j'ai vu un jour un de mes amis qui, ayant oublié sa sonde, l'avait remplacée par un canif neuf, à manche de nacre, se voir enlever ce canif par un brochet.

Le brochet ne respecte pas même les membres de sa famille, et à défaut d'autres poissons, on peut parfaitement en capturer un gros en en prenant un petit comme appât.

Il y a deux variétés de brochets. Les uns ont le corps long et mince, les autres sont beaucoup plus trapus.

La croissance du brochet est très rapide, particulièrement lorsqu'il vit dans un étang bien peuplé, et tant qu'il n'a pas atteint le poids de 3 kilos. Il grossit ensuite plus lentement. Il peut atteindre et même dépasser le poids de 20 kilos. Le plus grand brochet capturé et mensuré exactement est sans doute celui que prit Thortorn, en Ecosse, en 1784. Il pesait 26 kilos et mesurait 1 m. 45.

Le brochet, même le plus trapu, a toujours le corps allongé. On le distingue facilement des autres poissons à l'aplatissement de sa tête et à la forme de sa mâchoire inférieure qui, plus longue que la supérieure, se termine en pointe. Sa bouche est largement fendue, et garnie de dents aiguës et recourbées en arrière, les unes fixes, les autres mobiles, au nombre de 700 environ.

Les écailles sont petites, la peau fine. Le dos est généralement d'un vert noirâtre, les flancs d'un vert pâle avec taches d'un jaune vert, le ventre blanc, les nageoires rougeâtres.

Il nage avec une rapidité excessive et se jette comme une flèche sur la proie qu'il convoite. Lorsqu'il s'agit d'un poisson, il le saisit d'abord par le travers du corps, et l'entraîne au fond de l'eau. Là, il le lâche, pour le saisir à nouveau, par la tête cette fois, et pour l'engloutir. Quelquefois, avant d'avaler le poisson, il joue avec, comme le chat avec la souris, et le promène au fond de l'eau.

Le gros brochet, généralement, entraîne le vif au milieu de la rivière ou de l'étang, y reste immobile un certain temps, — le temps de l'avaler — et s'en va tranquillement. Le petit, au contraire, se rapproche du bord, et, souvent, se promène de côté et d'autre avant d'engloutir le vif. Ceci n'est pas une règle absolue, mais elle est exacte dans la plupart des cas.

La chair du brochet est ferme et de très bonne qualité. Il a un assez grand nombre d'arêtes, mais elles sont très fines et molles. Son foie est excellent. Ses œufs passent pour être dangereux et on fera bien de s'en abstenir.

On pêche le brochet de différentes manières. La pêche au vif est la plus pratiquée des débutants. On pourra, par ce procédé, faire de nombreuses captures, dans les cours d'eau et les étangs assez propres, en pêchant surtout les places recherchées par le brochet, suivant la saison, places qui ont été indiquées plus haut. Dans ce cas on pêche ordinairement entre deux eaux, plus près du fond en rivière qu'en étang. Tous les petits poissons conviennent pour pêcher le brochet au vif, et particulièrement le goujon, le gardon, l'ablette, le petit chevesne, le carpillon, etc. ; on choisira toujours, parmi celles dont on dispose, les amorces les plus vives et les plus voyantes.

Lorsque l'étang ou la rivière sont remplis d'herbes et de racines et n'offrent que de rares espaces pêchables, on emploiera le pater-noster, avec une longue canne, ce qui permettra d'explorer ces places sans crainte que le vif ne se cache dans les herbes. On pourra également, lorsqu'un lit d'herbe garnit le fond sans monter jusqu'à la surface, faire passer le vif au-dessus de ces herbes.

Si ce vif est fixé à un hameçon simple ou double, on attendra, pour ferrer, que le brochet ait complètement avalé l'amorce, ce qui demande quelquefois plusieurs minutes. Dans ce cas, le vorace sera sûrement pris, car l'hameçon s'accrochera dans sa gorge ou dans son estomac, il n'aura même plus la force de se défendre et se rendra presque tout de suite.

Mais ce procédé est cruel, et comme on blesse gravement l'animal, il est impossible de le rejeter à l'eau si on le trouve trop petit pour être emporté. En employant le tackle à vif, au contraire, on ferre dès que le bouchon est entraîné, et le brochet, n'étant accroché que par les lèvres, ne souffre pas atrocement comme avec l'hameçon simple ou double, et peut être remis à la rivière si on le désire.

Il est bon, pendant que l'on pêche, de laisser dans l'eau, attaché à une longue ficelle, le seau qui renferme les vifs.

Lorsqu'on doit les conserver longtemps à la maison, on les changera d'eau assez souvent, en ayant soin de ne faire cette opération que peu à peu. En voyage, lorsqu'on ne pourra facilement changer l'eau du seau à vif, on redonnera de l'air à cette eau au moyen d'une pompe pour bicyclettes.

On peut également pêcher le brochet à l'hameçon plombé, ou pêche à la dandinette, (trolling, en anglais), ou au poisson tournant (spinning) avec un poisson mort monté sur un tackle quelconque, un poisson artificiel ou une cuillère.

Tous ces modes de pêche ont été décrits dans les chapitres précédents ainsi que la manière de fixer le vif à l'hameçon. Le pêcheur n'aura qu'à s'y reporter pour y trouver les renseignements dont il a besoin.

On aura soin de monter tous ces engins sur corde à guitare, fil d'acier — presque invisible — ou chaînette de cuivre, afin d'éviter que le brochet ne coupe l'empile avec ses dents. Quoi qu'en disent certains auteurs, il n'est pas nécessaire d'avoir un long bas-de-ligne, 25 à 40 centimètres suffiront dans la plupart des cas. Le brochet, en effet, est moins effrayé par la ligne en soie verte chinée, qui est la plus recommandable, et qui ressemble à un filament végétal, que par la corde à guitare ou la chaînette de cuivre, surtout lorsqu'elles sont neuves.

Gare aux morsures en décrochant l'hameçon. Si vous n'avez pas de baillon, introduisez un bâton entre les redoutables mâchoires du monstre, et ne risquez vos doigts dans sa gueule qu'à bon escient. Si l'hameçon est accroché trop loin, il est préférable de détacher l'empile du bas-de-ligne, ce qui se fait très facilement au moyen de l'émerillon, et d'employer un autre hameçon si l'on continue à pêcher.

La Perche.

La perche, souventes fois, de même que le brochet, fait maugréer le pêcheur au coup. Elle n'en est pas moins fort prisée des gourmets. Les uns l'ont surnommée « la sole de rivière », les autres « la perdrix de rivière » ; ce sont là deux comparaisons qui, quelque dissemblables qu'elles soient, n'en restent pas moins flatteuses pour le poisson auquel elles s'appliquent.

La perche préfère les eaux vives et agitées. On en trouve cependant aussi dans certains étangs, dans certaines rivières à courant lent et à fond vaseux. Inutile d'ajouter que, dans ce cas, sa chair est de qualité inférieure.

Elle recherche surtout les endroits où l'eau est sans cesse en mouvement. Dans les canaux, on en trouve beaucoup aux abords des écluses, en rivières, dans les remous et les tournants rapides. Souvent aussi, elle se tient à l'affût dans les touffes d'herbe.

On aperçoit assez souvent de petites perches en bandes, mais les individus qui composent ces bandes sont rarement nombreux, et on ne les voit pas voyager en grandes troupes comme certaines autres espèces.

Ces poissons nagent par saccades, s'arrêtant un moment pour repartir tout à coup.

La perche est au moins aussi vorace que le brochet, et serait plus redoutable que lui si elle atteignait une grande taille. Elle n'est jamais repue, et, même quand son estomac est rempli, elle se jette sans hésitation sur tout ce qui se passe à sa portée et qui peut lui servir de nourriture.

Sa voracité, d'ailleurs, lui joue souvent un vilain tour. De tous les poissons carnassiers, elle est la seule, en effet, qui attaque l'épinoche. Lorsqu'elle est saisie, celle-ci redresse son épine dorsale et la pique dans la gorge de son adversaire, qu'elle fait périr immanquablement.

La perche atteint quelquefois le poids de 2 kilos, mais celles qu'on prend le plus souvent à la ligne ne dépassent guère 1 kilo, et sont généralement d'assez petite taille.

Elle a le corps comprimé et trapu, avec une tête osseuse. La bouche, relativement grande, est garnie de dents nombreuses, petites et aiguës. Les écailles sont fines et rudes au toucher. Elle a deux nageoires dorsales, toutes deux de couleur violette. La première est garnie de rayons épineux et très pointus, dont la piqûre peut quelquefois causer des indispositions assez graves. Les nageoires ventrales et l'anale, toutes deux de couleur rouge, ont également des rayons épineux.

Sa couleur est d'un jaune légèrement bronzé. Le dos est vert foncé, les flancs sont rayés de larges bandes verticales d'un brun foncé.

On ne connaît guère qu'une seule espèce de perche, tout au plus pourrait-on en distinguer plusieurs variétés.

De quelque façon qu'on l'accommode, la perche est l'un des plus délicats parmi les poissons de nos rivières. Aussi est-elle très recherchée, malgré son grand nombre d'arêtes, et la truite seule lui est supérieure. La finesse de sa chair justifie vraiment la guerre acharnée qu'on lui fait.

De même que le brochet, la perche ne s'amorce pas. On va à sa recherche, au contraire, et c'est précisément là ce qui fait l'attrait de cette pêche.

Il arrive cependant assez souvent, lorsqu'on pêche au coup, et que l'on a copieusement amorcé, qu'on soit ennuyé par des perches qui viennent, jusque sous les yeux du pêcheur, faire la chasse aux ablettes et aux vérons attirés par le son. Si ces perches sont nombreuses et assez grosses, elles finiront par mettre en fuite tous les autres poissons. Il convient donc d'essayer de s'en emparer.

Le moyen le plus pratique pour cela est de monter une ligne fine, quoique solide, avec hameçon n° 6 à 10 monté sur racine anglaise, ou plutôt avec tackle à 2 ou 3 hameçons, sur lequel on fixe le ver de terre en l'attachant d'abord à l'hameçon supérieur, puis aux autres après l'avoir contourné sur le bas-de-ligne. On pêche à 10 ou 20 centimètres du fond.

On peut également, sur un coup amorcé, prendre la perche au vif en lui présentant un véron, un petit goujon ou une petite ablette, accrochés à un hameçon carré des n°ˢ 1 à 5. De même que pour la pêche au ver, on doit faire passer l'appât assez près du fond (30 centimètres environ).

Lorsqu'on a surtout en vue la capture de la perche, il faut la chercher dans les places où l'eau est profonde et agitée, près des herbes, ou dans les clairs entre les herbes. On la pêche au ver de terre, à fond, le matin et le soir, et à mi-fond dans le milieu du jour, à l'époque des chaleurs. Il est bon de dandiner, c'est-à-dire de faire monter et descendre vivement l'appât pendant quelques minutes.

On peut également, en suivant le bord de la rivière, pêcher la perche au vif. On montera l'hameçon sur forte racine ou sur très fine corde à guitare, et on remplacera le bouchon employé pour le brochet par une plume très forte ou un bouchon anglais allongé.

On pêche encore la perche à la plombée, c'est-à-dire plomb à terre, bas-de-ligne de 30 à 40 centimètres en racine, le reste de la ligne, au-dessus du plomb, en soie chinée fine.

On la capture également avec le pater-noster à trois hameçons (1), avec lequel, outre la perche, on pourra prendre différentes espèces de poissons.

On peut encore pêcher la petite perche, qu'on rencontre souvent en grand nombre dans les canaux, au moyen d'insectes naturels qu'on trouve sur les bords, qu'on laisse enfoncer dans l'eau, et qu'on retire par saccades. J'ai vu près de moi des gamins, pêchant avec une petite bête noire au corps presque rond, prendre beaucoup de perches dans le canal de Bourgogne.

Enfin, de même que pour le brochet, on prend souvent des perches au spinning, avec véron ou petit goujon mort, monté sur un tackle de grandeur appropriée, avec un petit poisson artificiel bien brillant ou une petite cuiller.

Le poisson d'étain, engin rudimentaire s'il en fut, est quelquefois très meurtrier pour la perche. On le choisira avec hameçon double ou triple.

----

(1) On donne le nom de pater-noster pour perche à une sorte de bas-de-ligne portant 2 ou 3 hameçons montés sur une courte empile qui était autrefois fixée au bas-de-ligne principal au moyen de boules de bois, ce qui donnait vaguement à ce bas-de-ligne l'apparence d'un chapelet.

On le plonge d'abord dans l'eau en le maintenant à la surface, puis baissant le bras vivement, on le laisse naturellement tomber à fond.

On le remonte par saccades jusqu'à la surface, sans le sortir de l'eau, et on le laisse retomber à nouveau. S'il y a une perche aux environs, il est rare qu'elle ne se jette pas sur cet appât où elle se prend seule.

On emploie encore quelquefois un autre procédé : à l'extrémité inférieure d'un bas-de-ligne en racine solide, on fixe un émerillon triple. A l'anneau inférieur, au moyen d'une très courte racine, au attache un plomb en forme de pyramide, une grosse sonde par exemple; à l'anneau transversal, on fixe une longue racine, de 30 à 40 centimètres, à l'extrémité de laquelle, sur un hameçon n° 5 à 8, ou esche un ver de terre. On laisse tomber sans précaution, on relève un peu, on laisse tomber encore, en changeant de place à chaque fois. S'il y a des perches aux environs, on peut être assuré qu'elles se feront prendre. C'est, à part l'amorce, à peu près le pater-noster employé pour le brochet.

Avec la perche — et sauf avec le tackle à trois hameçons pour ver de terre — il faut attendre un peu pour ferrer. On doit toujours le faire doucement, parce que ce poisson a la bouche tendre, et il faut l'enlever sans précipitation et sans violence, afin de ne pas effrayer les autres perches qui pourraient se trouver aux environs.

L'Anguille.

Parmi les diverses espèces de poissons d'eau douce, l'anguille, à elle seule, forme une catégorie bien à part. Extérieurement, en effet, elle ressemble plus à un serpent qu'à un poisson, et c'est une des raisons pour lesquelles un certain nombre de personnes ne peuvent en manger sans répugnance.

Elle en diffère totalement, cependant, en ce sens qu'elle respire au moyen de branchies, comme les autres poissons, et non au moyen de poumons, comme les reptiles.

L'anguille vit dans toutes nos eaux. Elle a, néanmoins, une préférence certaine pour les eaux dormantes ou peu rapides, et on en prend surtout en étang, dans les canaux et dans les rivières à courant lent.

Seule de tous les poissons, l'anguille a la faculté de pouvoir vivre assez longtemps hors de l'eau. Par les temps couverts, en effet, par les nuits pluvieuses, il arrive que des anguilles font d'assez longs trajets sur terre. On dit même qu'elles peuvent vivre ainsi pendant cinq à six jours, et, grâce à l'herbe humide, se rendre d'une rivière dans une autre, ce qui expliquerait leur apparition subite dans des eaux où l'on n'avait jamais constaté leur présence.

Mais, lorsque l'anguille est exposée au soleil, elle périt très rapidement.

Les jeunes anguilles, connues sous le nom de *civelles*, remontent de la mer en formant des bancs épais. Elles sont alors toutes petites. Les cultivateurs riverains les prennent à ce moment, dans toute la partie des fleuves voisine de l'embouchure, et s'en servent comme de fumier pour engraisser leurs champs. Ils en détruisent des quantités considérables, et gaspillent ainsi — sciemment ou inconsciemment — de véritables richesses.

Les anguilles sont voraces, et vivent fort longtemps. Certains auteurs les disent très prolifiques, et il faut qu'elles le soient, en effet, pour qu'il en reste encore, malgré la guerre qu'on leur fait au moment de la montée.

Le poids des anguilles qu'on capture habituellement varie de une à quatre ou cinq livres. Leur taille moyenne est de 50 à 80 centimètres. Elles peuvent atteindre. cependant, de plus grandes dimensions, et on en a déjà vu de 1 m. 50 de longueur.

Elles sont généralement de couleur brune, avec le dos plus foncé que le ventre, qui est d'un blanc grisâtre ou jaunâtre. On en voit également dont le dos est d'un vert noirâtre. Leur couleur, d'ailleurs, varie en raison des eaux qu'elles habitent.

Leur nageoire dorsale, très longue, commence sur le dessus du corps et se continue jusqu'à l'extrémité de la queue, qu'elle contourne, pour venir se terminer sous le milieu du ventre. Elles ont, en outre, deux petites nageoires de chaque côté et en arrière de la tête.

Les écailles de l'anguille sont excessivement fines, et sa peau est recouverte d'un enduit visqueux qui lui permet de glisser facilement entre les doigts du pêcheur. Pour cette raison, il est utile, lorsqu'on la pêche spécialement, d'avoir un gant spécial ou des pinces à anguille (fig. 130) pour la saisir et l'empêcher de s'échapper.

Sa mâchoire inférieure, comme celle du brochet, est plus longue que la supérieure. Sa bouche est garnie de dents nombreuses, fines et très pointues.

Les savants en distinguent plusieurs variétés, mais ces variétés n'ont que très peu de différence entre elles.

La chair de l'anguille est fine, mais de digestion assez difficile, parce qu'elle est fort grasse. Pour cette raison, les petites anguilles de une à deux livres sont meilleures que les grosses. On fait cuire l'anguille d'une foule de façons. Il ne faut pas oublier, à ce propos, que son sang est un poison. On fera donc en sorte de ne pas se couper en la préparant pour la cuisine, et, si l'on a de petites plaies aux mains, on évitera avec le plus grand soin que son sang pénètre dans ces plaies.

Sauf dans les cours d'eau où elles sont très abondantes, les anguilles mordent peu à la ligne ordinaire, à moins que ce ne soit le matin de bonne heure ou le soir à la tombée de la nuit. Cependant, par les temps pluvieux, couverts ou orageux, il arrive qu'on en prend dans le milieu du jour, et c'est ainsi que j'ai capturé, en pêchant le brochet au vif, avec un petit gardon, la plus belle anguille que j'aie tenue au bout de ma ligne. Elle pesait plus de quatre livres et ne rendit pas sans contestations.

Il est même arrivé à mon beau-frère, pêchant près de moi à l'asticot, à fond, dans le canal de Bourgogne, à l'écluse de Percey, de prendre une anguille, en plein midi, au mois d'août, par un soleil éclatant. Il l'amena jusqu'à la surface et la sortit à moitié de l'eau. Elle pouvait

Fig. 130.

peser un peu plus d'une livre. Nous ne pûmes, malheureusement, connaître son poids exact, car, tandis que nous la regardions avec stupeur, du haut du pont où nous nous trouvions tous deux, elle brisa ou coupa le bas de ligne, formé d'un seul crin, et retourna dans son trou.

Lorsqu'on veut pêcher l'anguille, il est bon d'amorcer un peu à l'avance avec des vers ou des boyaux. On la pêche surtout avec le ver rouge à tête noire, esché sur hameçon renforcé des numéros 4 à 9. La canne, la ligne et le bas-de-ligne doivent être très solides, car c'est un poisson vigoureux et qui lutte énergiquement pour reconquérir sa liberté.

On la pêche également, toujours au ver de terre, avec une sorte d'aiguille munie en son centre d'un petit anneau où l'on attache le bas-de-ligne. On recouvre complètement l'aiguille avec le ver de terre, et, quand l'anguille mord, et que l'on ferre, l'aiguille se met en travers dans le corps du poisson, et il est impossible à celui-ci de se décrocher.

On peut la pêcher encore en faisant, avec de la laine, et un certain nombre de vers, une sorte de pelote qu'on attache à une ligne solide et qu'on jette au fond de l'eau, lestée d'une petite balle de plomb. On lui donne un certain mouvement en relevant la canne de temps en temps. Lorsque l'anguille mord après cette pelote, on la retire de l'eau aussi vivement que possible. C'est la pêche à la vourmée ou vermée.

Dès que l'anguille est sur le pré, il faut se hâter de la mettre dans le panier ou le filet de pêche, car, si elle venait à couper l'empile, ou à se décrocher, elle ne tarderait pas à se diriger vers la rivière, et il serait très difficile de s'en emparer. Plutôt que d'essayer de retirer l'hameçon, il est préférable de le détacher avec son empile, en sortant celui-ci de l'émerillon.

La vraie pêche de l'anguille se pratique de nuit, au moyen de lignes de fond, appelées *traînées*, *cordées* ou *jeux*, suivant leur grandeur. On a vu précédemment comment on pratique ce genre de pêche. On pose ces lignes de fond au moment du coucher du soleil, et on les relève avant qu'il ne se montre, car il serait très difficile, après son lever, de capturer l'anguille accrochée à une ligne. Les arrêtés préfectoraux, rendus après avis des conseils généraux, peuvent d'ailleurs (art. 5 du décret du 5 septembre 1897) autoriser la pêche de l'anguille après le coucher et avant le lever du soleil.

La truite.

Avec la truite, nous commençons l'étude des salmonides, poissons précieux entre tous par leur beauté et la qualité de leur chair. Les difficultés que présente leur capture en font, de tous les poissons de nos eaux douces, les plus recherchés des pêcheurs qui mettent au-dessus de tout les émotions que procure un sport captivant.

La pêche de la truite à la mouche, et surtout à la mouche sèche, est, en effet, un art véritable que, seuls, pratiquent en maîtres quelques rares adeptes peu nombreux si l'on compare leur nombre restreint au nombre élevé des pêcheurs au coup.

La truite, que l'on rencontre dans toutes les parties de la France, habite les eaux fraîches, pures, vives et limpides, dont la température ne dépasse guère, en été, 17 à 18 degrés, et notamment les ruisseaux qui coulent sur un fond caillouteux et rocheux, et tels qu'on en rencontre surtout en Normandie et dans les pays de montagnes. Elle recherche, en été, les trous profonds, et se tient près des chutes d'eau, piles de ponts, etc.

Très vorace, quoique très défiante, elle se jette sur tout ce qui brille, sur tout ce qui remue : petits poissons, insectes, vers, etc. Elle est très prolifique, et recherche, pour frayer, les petits ruisseaux à eau froide et à fond de gravier. Elle fraye en hiver, plus ou moins tôt suivant la température, et, dès la fin de l'automne, elle remonte les cours d'eau, faisant des bonds prodigieux pour franchir les chutes.

Elle pond des œufs d'un jaune clair transparent, un peu plus petits que des petits pois, ressemblant assez bien à de légères boules de gomme, et dispose ces œufs sur de grosses pierres où le mâle vient les féconder.

Les truites peuvent atteindre une grande taille et un poids assez élevé, et on en a capturé qui pesaient plus de 5 kilogrammes, mais leur poids le plus ordinaire varie entre 500 et 1.000 grammes.

C'est un fort beau poisson, au corps trapu, assez haut, à flancs aplatis. Ses écailles sont petites et de forme allongée. Elle a le dos d'un vert doré, parsemé de taches brunes, les flancs plus clairs, avec des taches rouges, le dessous du corps d'un jaune clair. Sa nageoire dorsale est piquée de taches rouges, les pectorales offrent un mélange de brun et de violet. Les autres sont d'un jaune doré. Ces couleurs, d'ailleurs, peuvent varier légèrement, suivant les eaux habitées par la truite.

De tous les poissons d'eau douce, la truite est le plus recherché pour la délicatesse de sa chair, qui est extrêmement savoureuse et qui convient même aux estomacs les plus délicats.

On la pêche, ainsi qu'il a été dit plus haut, à la mouche artificielle, sèche ou noyée, au ver, au vif et au spinning. Mais la pêche la plus sportive, et la plus artistique, est sans contredit la pêche à la mouche artificielle.

On a écrit des volumes sur ce genre de pêche, mais bien qu'elle ne puisse être traitée ici avec tous les développements qu'elle comporte, je m'efforcerai, cependant, de donner aux débutants des indications assez complètes pour leur permettre de la pratiquer avec quelques chances de succès.

J'ai fait connaître, précédemment, les cannes et lignes à employer pour cette pêche. Je n'y reviendrai donc pas et me contenterai simplement de renvoyer le lecteur aux chapitres du matériel, pour la canne à employer, et au chapitre sur les différents genres de pêche pour le mode de procéder.

Les meilleurs mois pour cette pêche sont mai et juin. Par les temps froids, on réussit mieux vers le milieu du jour. Par les grandes chaleurs, au contraire, la pêche du matin et du soir, du soir surtout, est de beaucoup préférable. On pêche d'ailleurs d'autant plus tard que la saison est plus avancée.

Il est toujours prudent, la truite étant très fantasque, d'avoir un grand nombre de mouches en portefeuille. Il arrive souvent, en effet, qu'une mouche qui donnait de fort bons résultats n'est plus acceptée des poissons, tandis qu'une autre, avec laquelle on n'avait pas encore réussi, devient tout à coup excellente. C'est pourquoi il importe d'en emporter toujours de nombreuses variétés, et, à ce sujet, on n'aura que l'embarras du choix, les bonnes maisons d'articles de pêche en possédant de toutes formes, de toutes tailles et de toutes couleurs; on peut d'ailleurs, lorsque la rivière est à courant rapide et lorsqu'on pêche à la mouche noyée, mettre plusieurs mouches au bas de ligne. On augmente ainsi notablement les chances de succès.

Lorsqu'on arrivera au bord de l'eau, on choisira, parmi les mouches qu'on a en portefeuille, celles qui ressemblent le plus aux insectes qui volent à la surface. D'une façon générale, on préférera les mouches claires par temps sombre, et réciproquement. On se dissimulera le plus possible, on ne fera pas de grands gestes, et, si quelque partie de l'eau est ridée par la brise, on y jettera la mouche de préférence, parce que les rides empêchent la truite de voir le pêcheur.

Les bas-de-ligne seront d'autant plus fins que l'eau est plus claire. Il ne faut cependant rien exagérer. Avec un bas-de-ligne en racine XXXX, — le plus fin qu'on puisse employer — il arrivera souvent qu'on piquera plus de poissons et, malgré cela, qu'on en prendra moins qu'avec un bas-de-ligne en racine XXX, parce qu'on en perdra davantage.

Au lieu de la mouche artificielle, on emploie quelquefois les insectes naturels, qu'on capture sur le bord même de la rivière. Lorsqu'ils sont petits, on peut en mettre deux et même trois à l'hameçon. La simple sauterelle, dans certains cours d'eau, est quelquefois très meurtrière, particulièrement lorsque les eaux sont limpides et basses.

On pêche également la truite au ver de terre. On emploie pour cela de petits vers bien raffermis par le procédé indiqué précédemment.

On peut escher ces vers sur un hameçon à forte courbure ronde, des numéros 5, 6, 7, 8, mais il est de beaucoup préférable, comme pour la perche, d'employer un tackle formé de trois hameçons montés sur florence fine ou sur racine anglaise. On trouve ces tackles dans le commerce, mais on peut fort bien les monter soi-même.

Pour cela, au lieu d'empiler l'hameçon à l'extrémité de la racine, on le monte à une assez grande distance. Après avoir introduit l'extrémité de la racine dans la boucle formée sur la hampe, et serré cette boucle, on ne coupe pas cette extrémité, et on empile un second hameçon près du premier, en opérant comme pour celui-ci. On fait de même pour un troisième hameçon, et, lorsqu'on en a fini avec ce dernier, après avoir serré la boucle, on coupe, sur l'ongle, la racine en excédent.

Lorsqu'on emploie ce tackle, de même que pour la perche, on pique d'abord le ver avec l'hameçon supérieur, puis avec les autres hameçons, en le contournant autour de la racine.

Lorsqu'on pêche la truite au ver, il est généralement préférable de n'employer ni plombs ni flotte. Cependant, dans certaines eaux rapides on pourra mettre quelques plombs légers, assez loin de l'hameçon, afin de le faire descendre plus rapidement. On pêche en dandinant, dans les parties profondes et près des bords, afin d'attirer la truite cachée dans les caves creusées sous les berges. On peut également, avec le ver, lancer l'appât en amont et le laisser descendre le courant. Avec le tackle à trois hameçons, on ferre dès qu'on sent une touche. On attend un peu, au contraire, lorsqu'on pêche avec un hameçon simple.

Dans certaines rivières, la truite mord parfaitement au porte-faix, ou porte-bois, dont il a été question au chapitre des appâts.

On pêche encore la truite au vif, en amorçant avec des vérons ou de petits goujons, et souvent, on capture ainsi de très beaux poissons. La ligne doit être solide, mais beaucoup plus fine que pour le brochet. La corde à guitare est d'ailleurs inutile. Il faudra plomber cette ligne assez fortement pour entraîner le vif entre deux eaux, mais on aura tout avantage à ne pas y mettre de flotte.

On la pêche également au spinning, avec poissons artificiels, tackles amorcés ou petites cuillers. Dans ce cas, évidemment, la grosseur des poissons artificiels et des tackles doit être proportionnée à la grosseur des truites, qui, ainsi que nous l'avons vu, sont généralement d'assez petite taille. Il n'est pas nécessaire de lancer très loin, mais on doit faire en sorte que le poisson artificiel fasse le moins de bruit possible en tombant à l'eau. Avec cet appât, la truite se prend généralement seule, mais on ne réussira bien que si l'on évite avec le plus grand soin de se montrer.

Dans certains pays, on pêche encore la truite à l'asticot, de même que les poissons de fond dont il a été question précédemment. On en capture aussi aux diverses pâtes, et surtout à celles qui sont à base de suif, et même au pain, dans quelques rivières où elles ont été habituées à cet appât. Mais ce ne sont là que des exceptions, et, dans la majorité de nos cours d'eau, si l'on employait ces esches, on ne réussirait sans doute pas beaucoup plus qu'en pêchant le brochet à la mie de pain.

Lorsqu'on pêche en amont, et que la truite est piquée, on s'efforcera toujours, pour l'épuiser, de l'amener en aval, afin de ne pas effrayer les autres truites qui pourraient se trouver en amont.

Le saumon.

Le saumon est le type de la famille des salmonides, à laquelle appartiennent également la truite et l'ombre, pour ne citer que les plus connus. C'est, de tous les poissons de nos eaux douces, celui qui peut atteindre la plus grande taille.

On ne rencontre guère le saumon, en France, que dans les petits fleuves qui se jettent dans la Manche et l'Atlantique, et qui roulent des eaux froides, pures et vives sur un fond caillouteux. Encore y atteint-il rarement une très grande taille.

Le saumon a le corps un peu moins comprimé que la truite. Sa tête est forte, avec, chez le mâle, la mâchoire inférieure souvent relevée en forme de bec ou de crochet. Son œil est petit, ainsi que ses écailles. Le dessus du corps est généralement d'un vert bleuâtre, les flancs et le ventre d'un blanc plus ou moins pur. Comme la truite, il a des taches rouges sur la tête, le corps et la nageoire dorsale.

Le saumon naît en rivière, puis descend à la mer lorsqu'il atteint une longueur de vingt à vingt-cinq centimètres. On l'appelle alors *tacon* ou *glézig*. En mer, sa croissance est très rapide. Il fraye en hiver, et, dès mai, commence à remonter les rivières pour chercher l'endroit où il effectuera sa ponte. On lui donne alors généralement le nom de *madeleineau*. Comme la truite, il recherche, pour frayer, des eaux froides et peu profondes, et, comme elle, franchit aisément les chutes pour y parvenir. Aussitôt après le frai, il redescend à la mer. Il est alors *saumon adulte*. Sa chair, à cette époque, est molle et peu recherchée, et c'est au moment de la montée, c'est-à-dire lorsqu'il revient de la mer pour frayer, que le saumon est vraiment un poisson de sport, — pour le pêcheur — et de table pour le gourmet.

Il peut atteindre une grande taille, et on en a capturé, à la ligne, qui pesaient 40, 50, 60 livres, et même davantage. Pour s'attaquer à des poissons de ce poids, il faut naturellement des cannes solides, en bambou refendu, greenhart ou bambou simple. J'ai dit, précédemment, quelle longueur on donnait à ces cannes.

La ligne sera en soie tressée et vernie de première qualité, et de bonne grosseur, pour faciliter le lancer. Le bas-de-ligne, en racine naturelle très forte, devra être assez long. Le moulinet, de grande taille, pourra contenir au moins 100 mètres de ligne.

De même que pour la truite, la plus belle pêche du saumon est la pêche à la mouche artificielle. On emploie, naturellement, de plus grosses mouches que pour la truite, et, contrairement à ce qui se passe avec cette dernière. — qu'on pêche quelquefois à la mouche sèche, — on ne pêche le saumon qu'à la mouche noyée, qu'on laisse enfoncer dans l'eau et qu'on ramène ensuite à soi.

Dès qu'on a piqué un saumon, on doit s'efforcer de l'amener le plus tôt possible à la gaffe, car, de l'avis des connaisseurs, il est plus facile de s'en emparer aussitôt qu'il a été piqué que lorsqu'il a eu le temps de se remettre de sa surprise et de combiner sa défense.

Il est nécessaire, comme pour la truite, d'avoir des mouches de différentes grosseurs. Elles seront d'autant plus grosses et d'autant plus colorées que la saison sera moins avancée. En été, à mesure que l'eau baisse, on emploiera des mouches plus petites et moins voyantes.

On pêche également le saumon à la crevette, au ver, au vif, à la cuillère, au poisson artificiel, au tackle amorcé d'un poisson mort. Il faut, bien entendu, proportionner ces engins à la taille du poisson auquel on s'attaque.

Très abondant autrefois en France, le saumon a fini par devenir assez rare dans nos eaux, où l'on n'a d'ailleurs rien fait pour le retenir. On le trouve surtout dans les rivières d'Écosse et de Norvège, où se rendent pour le capturer les riches sportsmen amateurs de cette pêche. Pour cette raison, il n'en sera pas plus longuement question dans ce modeste ouvrage.

Autres poissons.

L'alose. — L'alose, comme le saumon et l'esturgeon, est un poisson anadrome, c'est-à-dire qu'elle vit en mer et en rivière. Elle ressemble beaucoup au hareng et est facilement reconnaissable à une tache noire située en arrière des ouïes. Comme le saumon, elle peut atteindre une grande taille, et, comme lui, se reproduit dans les rivières qu'elle remonte, vers le mois de mai, pour y frayer. Elle se nourrit surtout de vers, de petits poissons et d'insectes. On peut donc la pêcher au ver, au vif, ou à la mouche artificielle, et sa chair est très estimée. Elle est, malheureusement, de plus en plus rare dans nos cours d'eau.

L'éperlan. — L'éperlan ressemble assez aux salmonides. Il est toujours de petite taille, avec un corps très allongé, une tête petite et de grands yeux. Ses couleurs sont assez agréables. On prétend qu'il sent la violette.

On pêche l'éperlan à la ligne, aux embouchures des cours d'eau seulement, car il ne les remonte jamais plus haut que l'endroit où la marée se fait encore sentir, sa chair est très délicate.

La gremille. — Ce poisson, encore appelé perche goujonnière, ou goujon-perchat, ressemble un peu à la perche, dont il diffère cependant par sa tête osseuse et sans écailles, et par l'absence de raies verticales sur les flancs.

La gremille est parée de très jolies couleurs, d'un vert sombre sur le dos, avec des tons dorés sur les flancs. Elle a les mêmes mœurs que la perche. On la prend surtout au ver de terre. Sa chair, des plus délicates, est très recherchée.

La lamproie. — La lamproie ressemble à l'anguille, sauf sa tête, qui est celle de la sangsue. Elle respire au moyen de sept trous branchiaux, ce qui l'a fait appeler sept-œils. Elle ne mord pas à la ligne.

La lotte. — La lotte ressemble également à une anguille, quoiqu'elle ait le corps beaucoup moins long et plus gros. Sa couleur est, ordinairement, d'un vert plus ou moins sombre. Sa chair est assez estimée dans certaines rivières et son foie a une réputation très grande. Peu abondante dans nos cours d'eau, elle ne mord que rarement à la ligne.

L'ombre. — L'ombre est une sorte de truite qui est plus exigeante encore que celle-ci pour la qualité des eaux qu'elle habite. Elle est remarquable par sa grande nageoire dorsale qui a la forme d'une aile. On la pêche comme la truite.

L'ombre-chevalier est également une espèce de truite. On ne la trouve que fort rarement dans nos eaux.

CHAPITRE VII

PÊCHE EN MER

Bien que ce traité de pêche à la ligne soit consacré plus spécialement à la pêche en eau douce, il m'a paru intéressant, à l'intention de
ceux qui vont, tous les ans, retremper leurs forces et leur énergie
dans les eaux salines, d'y ajouter un chapitre sur la pêche en mer.

C'est là une question très importante, et qui ferait aisément l'objet
d'un ouvrage à part. C'est pourquoi, dans les pages qui vont suivre, je
me contenterai de donner quelques indications générales.

Matériel.

La pêche à la ligne, en mer, se pratique avec canne ou sans canne.

Les cannes destinées à la pêche en mer doivent être longues et résistantes. Lorsqu'on ne s'attaque qu'aux petits poissons, on pourra se contenter d'une bonne canne de roseau, ligaturée entre tous les nœuds,
d'une longueur de 6 à 7 mètres, sans anneaux ni porte-moulinets.

Lorsque, plus heureux, on court la chance de piquer de grosses
pièces, on emploiera, de préférence, une canne semblable à la précédente, mais établie en bambou, et qui, munie d'anneaux et d'un porte-
moulinet, permettra de pêcher à une plus grande distance et de lutter
plus facilement avec les gros personnages qui pourraient se faire
prendre à l'hameçon.

Pour la pêche en bateau, on peut utiliser une canne beaucoup plus courte, à condition qu'elle soit munie d'anneaux et qu'on emploie le moulinet.

Enfin, du haut des rochers ou des jetées, on peut pratiquer avec avantage le lancer à l'américaine, en se servant des cannes courtes créées spécialement pour ce genre de pêche.

Le moulinet, de très grande dimension, devra contenir au moins 50 à 80 mètres de ligne forte. On le choisira de préférence en bois, les moulinets en métal étant tous attaqués par l'eau ou les brumes de mer.

Les lignes employées avec la canne pourront être en crin tressé sans nœuds, formé de 20 à 30 crins, en lin ou en soie préparés. Les lignes en lin, qui coûtent peu et résistent bien à l'action corrosive des eaux salées, sont excellentes pour cet usage. On établira des lignes de plusieurs grosseurs, afin de pouvoir en changer suivant le poisson qui domine.

On peut encore pêcher, du bord ou d'un bateau, sans employer de cannes, au moyen des lignes dites à chapelet ou à traînée. Ces lignes sont généralement établies en chanvre tressé. On a plus d'avantage à les acheter toutes faites, dans une bonne maison d'articles de pêche, qu'à les monter soi-même.

Les bas-de-ligne, pour cette pêche, auront une longueur de un mètre cinquante à deux mètres. Suivant la taille des poissons, on les établira en racine forte, marana par exemple, qui pourra être double dans le haut, ou même sur toute la longueur, pour la pêche des gros. On les construira en racine régular ou fina pour les moyens poissons, et en réfina, ou même en racine anglaise, pour les plus petits.

On emploie également, pour la confection des bas-de-ligne, la corde à guitare et le fil de laiton.

Les hameçons destinés à la pêche en mer doivent être étamés — pour les plus grands — ou vernis noir, afin d'éviter qu'ils ne soient rouillés. On les choisira, autant que possible, assez longs de tige, car ce sont ceux qui conviennent le mieux pour cette pêche.

Comme flotteurs, on emploie exclusivement des bouchons, taillés généralement en forme de poire. Les plombées doivent être plus lourdes que dans les lignes destinées à la pêche au coup en eau douce.

Enfin, on aura soin de se munir d'une épuisette solide, grande et à long manche, et de plusieurs sondes lourdes.

Appâts.

Les appâts employés pour la pêche en mer en proviennent généralement. En premier lieu, il faut placer les vers de mer. *L'arénicole,* ou
ver du pêcheur, est de couleur brune et porte des soies. On le trouve
dans le sable vaseux des grèves en fouillant le sol à l'aide d'une bêche

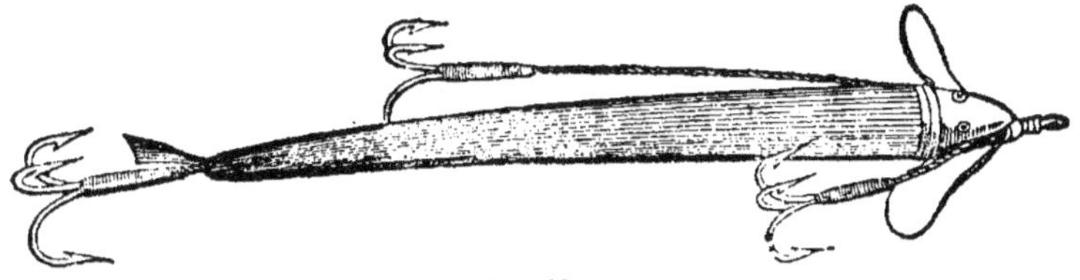

Fig. 131.

à l'endroit où l'on voit de petites protubérances noirâtres et tortillées
comme celle des vers de terre. Il convient à presque tous les poissons.

Les néréïs, plus connus sous le nom de *pelouse,* ou de *gravette,*
sont de petits vers de couleur blanchâtre dont les anneaux sont égale-

Fig. 132.

ment garnis de soies. On les trouve sous les pierres plates ou même à
l'intérieur de certaines pierres que l'on brise pour s'en emparer.

L'équille, ou *lançon,* est une sorte de petite anguille qui se cache
dans le sable. On l'y cherche à marée basse, en le fouillant à l'aide

Fig. 133.

d'une pelle, d'une pioche ou d'une sorte de trident. Ce poisson très dé-
licat est en même temps l'un des meilleurs appâts pour la pêche en mer.

La crevette, bien connue de tous, se prend au filet dit crevettier. On
le pousse devant soi en l'enfonçant de quelques centimètres dans le

sable humide. De même que l'équille, la crevette est un excellent appât.

Le crabe, appelé *crabe mol*, ou *crabe mou*, au moment où il change de carapace, est également très recherché pour appâter les lignes, employé entier ou en morceaux. On le prend, à marée basse, dans les anfractuosités des rochers. *Les petites anguilles*, qu'on capture, à

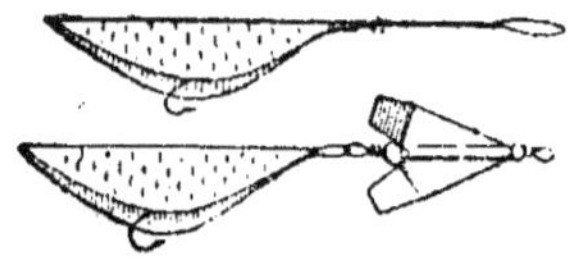

Fig. 134.

l'aide d'un filet, dans les cavités creusées sous les berges des rivières, sont également employées pour cet usage, de même que les *petits harengs*, les *anchois*, les *sardines*, entières ou en morceaux, ainsi que les fragments de peau de *sole* ou de *maquereau*.

Enfin, certains appâts artificiels, *anguille de mer argentée* (fig. 131), ou en caoutchouc mou (fig. 132), équilles (fig. 133), appâts en peau de sole (fig. 134), cuillère à hélice, longue et argentée, et *mouches artificielles* sont également employés pour la pêche en mer.

Poissons.

Décrire par le menu tous les poissons que l'on peut prendre à la mer nous entraînerait trop loin. Je me contenterai donc, dans cette courte étude, d'énumérer brièvement ceux que l'on capture le plus souvent.

En premier lieu, il convient de citer le *bar*, appelé encore *loup de mer* ou *loubine*, qui est, de tous, l'un des plus recherchés. C'est un fort beau poisson, à chair très délicate, qui peut atteindre une très grande taille, qui mord à presque tous les appâts, se défend bien, et est le point de mire de tous les pêcheurs.

On en rencontre de deux espèces : le bar gris, qu'on pêche surtout dans les endroits rocheux, et le bar à dos noirâtre, dont le corps est ponctué de taches noires, et qu'on trouve plutôt à l'embouchure des fleuves, sur les fonds de sable.

On peut citer encore les *brêmes de mer* et *dorades*, presque semblables, qui vivent surtout sur les bancs de rochers, ainsi que les *vieilles* ou *carpes de mer;* les *merlans*, bien connus de tous, à la chair légère et délicate, les *morues, lieus, églefins* ou *égrefins, gades* ou *tacauds,* tous poissons de la même famille. L'*éperlan,* le *mulet,* qu'on pêche surtout aux embouchures des fleuves.

On capture encore assez fréquemment, sur les bancs de sable, diverses espèces de poissons plats, et particulièrement les *turbots, flets, soles, plies, barbues, limandes,* tous parfaitement connus et appréciés, et qu'on pêche à fond, ainsi que le *congre,* ou anguille de mer, et les *trigles* ou *grondins.*

Enfin, pour terminer la liste, on y prend encore le *maquereau,* l'un des plus jolis poissons de mer, que l'on trouve surtout au large.

Pratique de la pêche.

On peut pêcher, à la mer, de trois manières : sur les côtes ; en petit bateau à l'aviron ; en grand bateau à voiles.

Pêche sur les côtes, sans canne. — Sur les côtes, on peut pêcher à la ligne sans canne. La plus simple de ces lignes se compose d'un cordeau ayant un hameçon à une extrémité. L'autre extrémité est attachée à une grosse pierre enterrée dans le sable ou à un piquet. On pose cette ligne à marée basse et on appâte avec équille, crabe mol, crevette, sardine, arénicole ou pelouse. On prend ainsi petites morues, plies, flets, congres, etc...

On peut encore employer une sorte de ligne de fond terminée à chaque extrémité par un gros plomb ou une lourde pierre et portant un grand nombre d'hameçons. On la pose à marée basse en creusant dans le sable un petit fossé dans lequel on enfouit la ligne, les plombs ou les pierres, et une partie des empiles. On appâte comme la précédente, et on relève quand la mer s'est retirée. On prend avec cette ligne tous les poissons qui mordent à fond, et surtout les poissons plats. On vend ces lignes, sous le nom de « Lignes de sable » dans les bonnes maisons d'engins de pêche.

Les « lignes à chapelet » (fig. 135 et 136) qu'on lance à la main du haut des rochers ou des jetées, peuvent également être achetées toutes faites. Elles sont terminées par un plomb très lourd. On les enroule sur le sol avec soin, de façon qu'elles ne se mêlent pas, puis, après les avoir amorcées comme ci-dessus, on tourne le plomb comme une fronde et on le lâche au moment propice, afin qu'il aille le plus loin possible. Dès qu'il est arrivé à fond, on raidit la corde, que l'on peut attacher au poignet droit, et que l'on tient ensuite entre le pouce et l'index.

De cette façon, on pourra prendre des bars, merlans, dorades, lieus, etc., et, sur fond de sable, quelques poissons plats. On réussit souvent, par ce moyen, sur les plages de sable où la profondeur n'augmente que peu à peu, et ou l'on ne pourrait pêcher avec la ligne ordinaire attachée à une canne.

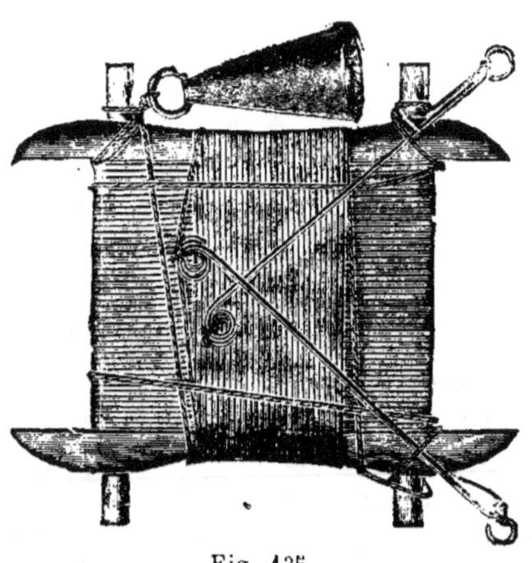

Fig. 135.

Pêche sur les côtes avec une canne. — A la mer, comme en rivière, on peut pratiquer le lancer à l'américaine, du haut des jetées ou des rochers, et cette méthode donne de fort bons résultats. On appâte avec une anguille de caoutchouc ou une cuillère longue, ou encore avec cre-

Fig. 136. — Ligne à chapelet.

vette, arénicole, gravette. Dans ce dernier cas, on peut amorcer en jetant à la mer quelques poignées de crevettes. On prend ainsi bars, brêmes, merlans, lieus, etc.

On pêche également de la même façon, mais avec une longue canne de bambou, munie, naturellement, d'anneaux et d'un moulinet. On enroule la ligne à l'avance sur le sol, on la jette le plus loin possible, et on ramène à soi.

Mais on peut aussi, du haut des rochers et des jetées, pêcher à la mer comme en rivière avec une ligne munie d'un flotteur et d'une plombée. On maintient généralement l'appât à petite distance du fond.

Le corps de ligne pourra être en lin tressé. On en aura de trois grosseurs. Avec le plus gros, un bas-de-ligne en marana simple ou même double dans le haut, gros bouchon, gros plombs et hameçons n⁰ˢ 1, 1/0 ou 2/0, on pourra pêcher les gros poissons et particulièrement le bar.

Pour la pêche du petit bar, de la brême, du mulet, on prendra un corps de ligne moyen, avec bas-de-ligne en régular ou fina, et hameçons n⁰ˢ 7 à 10.

Enfin, pour la pêche des petits poissons, et surtout de l'éperlan, on emploiera le corps de ligne le plus fin, avec bas-de-ligne en racine très fine, réfina par exemple, ou racine anglaise, et hameçons des n⁰ˢ 10 à 12.

Il est préférable, pour la pêche en mer, de mettre deux hameçons sur chaque bas-de-ligne. On peut même en mettre davantage lorsqu'on s'attaque aux petits poissons, plus nombreux généralement que les gros.

En pêchant avec les lignes ci-dessus, à fond, sur fond de sable, on pourra prendre des poissons plats, plies et flets par exemple.

On appâtera l'hameçon avec crevettes, vers de mer, têtes de sardines, petits crabes mols, etc.

On peut amorcer en jetant à l'eau, à l'endroit où l'on pêche, un mélange de sardines écrasées et de son. Le courant y amène insensiblement les poissons.

Pêche en petit bateau.

On peut pêcher également en petit bateau, à l'aviron, en employant les cannes et lignes décrits ci-dessus. Cette pêche ne diffère pas de la précédente, mais on peut encore, en bateau, pratiquer un autre mode de pêche. On utilise, pour cela, des lignes dites à traînée, qu'il est préférable d'acheter toutes faites. Ces lignes sont généralement en chanvre tressé, terminées par un bas-de-ligne en corde à guitare, racine double ou triple portant un gros plomb et un certain nombre d'appâts : mouches artificielles, peau de sole, hélices, appâts en caoutchouc, etc. On les laisse traîner à l'arrière du bateau marchant doucement, en leur donnant de temps en temps un mouvement de va et vient. On peut faire ainsi de belles captures de morues, bars, lieus, maquereaux, etc.

Pêche en bateau à voile.

Enfin, on peut encore pêcher d'un bateau à voile, mais alors, ce n'est plus guère la pêche d'amateurs. On emploie habituellement dans ce cas six lignes à traînée (trois de chaque côté du bateau). Les plombs qui terminent ces lignes sont de poids différents, afin qu'elles ne se mêlent pas. On place la plus lourde en avant, la plus légère en arrière.

Ces lignes sont garnies généralement de petites anguilles en caoutchouc rouge, qui donnent de fort bons résultats lorsqu'elles sont entraînées dans l'eau. Dès qu'on a pris quelques poissons, on peut les remplacer par des languettes de la peau de ces poissons. Cette pêche se fait au large, et on y capture souvent des maquereaux.

CHAPITRE VIII

LÉGISLATION DE LA PÊCHE

Un peu de législation est bien le titre qui convient à ce dernier chapitre.

La législation de la pêche fluviale, en France, date surtout de la loi
du 15 avril 1829. Cette loi a été modifiée par divers lois ou décrets, et
notamment par celui du 5 décembre 1897. Plutôt que de reproduire
ici en entier ces textes nombreux, je me contenterai, en effet, d'en
extraire et de commenter ce qui peut intéresser plus particulièrement
le pêcheur à la ligne.

Loi du 15 avril 1829.

« ARTICLE PREMIER. — Le droit de pêche sera exercé au profit de l'État :
— 1º Dans tous les fleuves, rivières, canaux et contre-fossés navigables ou flottables avec bateaux, trains ou radeaux, et dont l'entretien
est à la charge de l'État ou de ses ayants cause; — 2º Dans les bras,
noues, boires et fossés qui tirent leurs eaux des fleuves et rivières navigables ou flottables dans lesquels on peut en tout temps passer ou
pénétrer librement en bateau de pêcheur, et dont l'entretien est également à la charge de l'État. — Sont toutefois exceptés les canaux et
fossés existants, ou qui seraient creusés dans les propriétés particu-
lières, et entretenus aux frais des propriétaires. »

Les eaux énumérées dans l'article premier ci-dessus composent les eaux du domaine public de l'Etat. Nous verrons plus loin quels sont, dans ces eaux, les droits du pêcheur à la ligne.

« ART. 2. — Dans toutes les rivières et canaux autres que ceux qui sont désignés dans l'article précédent, les propriétaires riverains auront, chacun de leur côté, le droit de pêche jusqu'au milieu du cours d'eau, sans préjudice des droits contraires établis par possessions ou titres. »

Toutes les eaux non comprises dans les paragraphes 1 et 2 de l'article 1er ci-dessus appartiennent à l'État, aux communes ou aux particuliers. Lorsqu'elles appartiennent à l'État (cours d'eau non classés comme navigables ou flottables traversant ou bordant une forêt domaniale, par exemple), elles forment les eaux du domaine privé. Dans tous ces cours d'eau, le droit de pêche appartient exclusivement aux riverains (État, communes, particuliers) qui peuvent l'affermer, s'ils le désirent, et nul ne peut y pêcher sans le consentement du propriétaire ; cette restriction s'étendant même à la pêche du haut d'un pont ou à la pêche en bateau, quand même ce bateau ne stationnerait pas et ne toucherait ni aux berges ni au fond.

Lorsque le cours d'eau appartient à des particuliers, ce consentement est le plus souvent tacite. Il n'en est pas moins vrai que le propriétaire riverain peut toujours, dès qu'il le désire, défendre la pêche dans sa propriété.

Lorsque l'État, les communes ou les particuliers afferment le droit de pêche dans leur propriété à des particuliers ou à une société, ceux-ci ont le droit d'interdire la pêche à tout individu, et, notamment, une société qui a loué à l'État des eaux faisant partie du domaine privé a le droit absolu d'interdire la pêche, même à la ligne flottante, à tout individu ne faisant pas partie de la société. (Cour d'appel de Douai.)

« ART. 5. — Tout individu qui se livrera à la pêche sur les fleuves et rivières navigables ou flottables, canaux, ruisseaux ou cours d'eau quelconques, sans la permission de celui à qui le droit de pêche appartient, sera condamné à une amende de 20 francs au moins et de 100 francs au plus, indépendamment des dommages-intérêts.

« Il y aura lieu, en outre, à la restitution du prix du poisson qui aura été péché en délit, et la confiscation des filets et engins de pêche pourra être prononcée.

« Néanmoins, il est permis à tout individu de pêcher à la ligne flottante tenue à la main, dans les fleuves, rivières et canaux désignés dans les deux paragraphes de l'article premier de la présente loi, le temps du frai excepté. »

C'est ici le lieu de définir ce qu'on entend par ligne flottante. Jusqu'en 1851, on condamnait invariablement tous les pêcheurs surpris à pêcher avec une ligne flottante munie d'un flotteur et de plombs.

Un arrêt du 20 mai 1851, et de nombreux arrêts rendus depuis permettent de dire aujourd'hui qu'une ligne flottante est une ligne qui, quels que soient la façon dont elle est montée, la matière dont elle est faite, son poids, son ou ses flotteurs, son ou ses plombs, son ou ses hameçons, est entraînée par le mouvement de l'eau, suit le courant, et doit être sans cesse ramenée par le pêcheur.

Quant à l'expression « tenue à la main », il ne faudrait pas la prendre trop à la lettre. Cela signifie simplement que la ligne flottante est un engin attaché à une canne tenue habituellement à la main. Il n'en résulte pas que le pêcheur ne peut poser cette canne sur le sol, à côté de lui, sans s'en écarter. De nombreux tribunaux, au contraire, lui ont accordé ce droit, et notamment le tribunal de la Seine, qui dit expressément : « Attendu que par ligne flottante tenue à la main, le législateur a simplement voulu définir un genre différent de la ligne de fond et de la ligne volante et que les mots *tenue à la main* ne doivent pas être entendus dans un sens absolu, que le pêcheur ne commet aucune infraction à la loi quand il se borne à abandonner sa ligne pendant quelques instants et sans s'en éloigner... etc. »

« Art. 25. (modifié par la loi du 18 novembre 1898). — Quiconque aura jeté dans les eaux des drogues ou appâts qui sont de nature à enivrer le poisson ou à le détruire sera puni d'une amende de 30 francs à 300 francs et d'un emprisonnement d'un mois à trois mois.

« Ceux qui se seront servis de la dynamite ou d'autres produits de même nature seront passibles d'une amende de 200 à 500 francs et d'un emprisonnement de trois mois à un an. »

Il ne s'ensuit pas de là, heureusement, qu'il est défendu d'amorcer, le pain, pain de chènevis, les vers et asticots employés pour l'amorçage n'étant pas de nature à enivrer le poisson ou à le détruire. Nul ne peut donc interdire à un pêcheur d'amorcer, pour attirer le poisson sur son coup. Cependant, au cas où un préfet, se basant sur cet article 25, prendrait un arrêté pour interdire l'amorçage, il y aurait lieu, si un garde verbalisait contre un pêcheur, d'invoquer la nullité de cet arrêté pour détournement de pouvoir et de recourir au Conseil d'Etat.

« Art. 27. — Quiconque se livrera à la pêche pendant les temps, saisons et heures prohibés par les ordonnances sera puni d'une amende de 30 à 200 francs. »

Cet article ne s'applique pas, bien entendu, aux étangs et réservoirs privés ne communiquant pas avec un cours d'eau.

« Art. 30. — Quiconque pêchera, colportera ou débitera des poissons qui n'auront point les dimensions déterminées par les ordonnances, sera puni d'une amende de 20 à 50 francs, et de la confiscation desdits poissons. — Sont néanmoins exceptées de cette disposition les ventes de poissons provenant des étangs ou réservoirs. — Sont considérés comme des étangs ou réservoirs les fossés et canaux appartenant à des particuliers, dès que leurs eaux cessent naturellement de communiquer avec les rivières. »

Il résulte de cet article que les personnes qui ont à transporter des poissons n'ayant point les dimensions déterminées par les ordonnances feront bien de se munir d'une facture du vendeur, si ces poissons proviennent d'un établissement de pisciculture, ou d'un certificat d'origine, délivré à la mairie de la commune où se trouvent les étangs et réservoirs privés, et indiquant le nombre, la nature et le poids des poissons qu'on désire transporter.

Cette observation s'applique également aux prescriptions de l'article 4 du décret du 5 septembre 1897 dont il sera question plus loin.

« Art. 36. — Le gouvernement exerce la surveillance et la police de la pêche dans l'intérêt général. — En conséquence, les agents spéciaux par lui institués à cet effet, ainsi que les gardes champêtres, éclusiers des canaux et autres officiers de police judiciaire sont tenus de constater les délits qui sont spécifiés aux articles 23 et suivants de la présente loi, en quelques lieux qu'ils soient commis ; et lesdits agents spéciaux exerceront, conjointement avec les officiers du ministère public, toutes les poursuites et actions en réparations de ces délits. — Les mêmes agents et gardes de l'administration, les gardes champêtres, les éclusiers, les officiers de police judiciaire pourront constater également le délit spécifié en l'article 5, et ils transmettront leurs procès-verbaux aux procureurs du roi. »

Le service de surveillance de la pêche est fait maintenant, et depuis le 7 novembre 1896, par les agents des forêts. Tous ces agents, ainsi que les maires et adjoints sur le territoire de leur commune, les juges de paix dans les cantons et les commissaires de police dans leur circonscription peuvent également verbaliser, contre le malheureux pêcheur pris en faute, sur tous les cours d'eau dont l'accès est libre.

« ART. 37. — Les gardes-pêche nommés par l'administration sont assimilés aux gardes forestiers. »

« ART. 38. — Ils recherchent et constatent par procès-verbaux les délits dans l'arrondissement du tribunal près duquel ils sont assermentés. »

Les gardes-pêche ne peuvent rechercher et constater les délits que dans l'arrondissement du tribunal près duquel ils sont assermentés. En dehors de cet arrondissement, leur procès serait nul, mais pourrait néanmoins autoriser une poursuite, auquel cas le garde serait appelé comme témoin ordinaire. Les gendarmes, au contraire, peuvent verbaliser sur toute l'étendue du territoire.

« ART. 39. — Ils sont autorisés à saisir les *filets et autres instruments de pêche prohibés, ainsi que le poisson pêché en délit.* »

Ainsi, tout poisson pris d'une façon délictueuse, c'est-à-dire avec des engins prohibés, ou, même avec des engins autorisés, en temps de frai ou pendant la nuit, sera confisqué par l'agent verbalisateur. Mais il ne pourra saisir les engins qui ont servi à le capturer que s'ils sont prohibés. Cependant le jugement rendu peut prononcer la confiscation même des engins autorisés.

Les autres articles de la loi du 15 avril 1829 n'intéressent pas directement les pêcheurs à la ligne.

Décret du 5 septembre 1897.

« ARTICLE PREMIER. — Les époques pendant lesquelles la pêche est interdite, en vue de protéger la reproduction du poisson, sont fixées comme il suit : — 1º du 30 septembre *exclusivement* au 10 janvier *inclusivement* est interdite la pêche du saumon ; — 2º du 20 octobre *exclusivement* au 31 janvier *inclusivement* est interdite la pêche de la truite et de l'ombre-chevalier ; — 3º du 15 novembre *exclusivement* au 31 décembre *inclusivement*, est interdite la pêche du lavaret ; — 4º du lundi qui suit le 15 avril *inclusivement* au dimanche qui suit le 15 juin *exclusivement*, est interdite la pêche de tous les autres poissons et de l'écrevisse ; — si le lundi qui suit le 15 avril est un jour férié, l'interdiction est retardée de vingt-quatre heures. — Les interdictions prononcées dans les paragraphes précédents s'appliquent à tous les procédés de pêche, même à la ligne flottante tenue à la main. »

Ainsi qu'on peut le voir par cet article, les poissons de nos rivières sont divisés en quatre catégories, et chaque catégorie a sa période d'interdiction bien délimitée à l'aide des mots *inclusivement* et *exclusivement*. Ainsi, en ce qui concerne les poissons de la quatrième catégorie, par exemple, — les plus nombreux — nous voyons qu'on peut les pêcher jusqu'au dimanche qui suit le 15 avril, au coucher du soleil, ou jusqu'au lundi, si ce lundi est un jour férié, et recommencer à pêcher le dimanche qui suit le 15 juin au lever du soleil.

Pendant la période d'interdiction des poissons qui fréquentent à la fois la mer et les rivières, il est défendu également de les pêcher sur les côtes, en mer, et dans les parties de fleuves où les eaux sont salées.

Tenir compte également que l'article 2 du même décret autorisant les préfets à changer les dates des périodes d'interdiction, il est toujours prudent de consulter les arrêtés préfectoraux sur la pêche spéciaux aux départements où l'on pêche.

« ART. 4. — Quiconque, pendant la période d'interdiction, transporte ou débite des poissons dont la pêche est prohibée, mais qui proviennent des étangs et réservoirs, est tenu de justifier de l'origine de ces poissons. »

Voir article 30 de la loi du 15 avril 1829.

« ART. 6. — La pêche n'est permise que depuis le lever jusqu'au coucher du soleil. »

Le pêcheur, moins heureux que le chasseur, ne peut pêcher avant le lever du soleil ou après son coucher. Cependant, les arrêtés préfectoraux pouvant autoriser la pêche avant ou après le lever du soleil, pour certains poissons et dans certaines conditions déterminées, on pourra, là encore, consulter ces arrêtés.

« ART. 8. — Les dimensions au-dessous desquelles les poissons et écrevisses ne peuvent être pêchés même à la ligne flottante et doivent être immédiatement rejetés à l'eau sont déterminées comme il suit pour les diverses espèces : — 1º les saumons, 40 centimètres de longueur. — Cette prescription s'applique indistinctement à tous les sujets de l'espèce n'ayant pas la dimension ci-dessus fixée, quels que soient d'ailleurs les différents noms dont on les désigne, suivant les localités : tacons, tocans, glézys, guimoisons, cadets, orgeuls, castillons, reneys, etc., — 2º les anguilles, 25 centimètres de longueur; — 3º les truites, ombres-chevaliers, ombres communs, carpes, brochets, barbeaux, brèmes, meuniers, aloses, perches, gardons, tanches, lottes, lamproies et lavarets, 14 centimètres de longueur ; — 4° les soles, plies et flets, 10 centimètres de longueur ; — 5° les écrevisses à pattes rouges, 8 centimètres de longueur ; celles à pattes blanches, 6 centimètres de longueur. — La longueur des poissons ci-dessus mentionnés est mesurée de l'œil à la naissance de la queue ; celle de l'écrevisse, de l'œil à l'extrémité de la queue déployée. »

On est passible de cette contravention, punie de 30 à 50 francs d'amende et de la confiscation du poisson, lorsqu'on est trouvé porteur de poisson n'ayant pas les dimensions réglementaires. On doit donc rejeter immédiatement ceux que l'on viendrait à capturer.

« ART. 16. — Les préfets peuvent, après avoir pris l'avis des conseils généraux, interdire en outre, par des arrêtés spéciaux, d'autres engins, procédés ou modes de pêche de nature à nuire au repeuplement des cours d'eau.

« Ils déterminent, conformément au paragraphe 6 de l'article 26 de la loi du 15 avril 1829, les espèces de poissons avec lesquelles il est interdit d'appâter les hameçons, nasses, filets ou autres engins. »

La seconde partie de l'article 16 doit attirer l'attention des pêcheurs à la ligne. Il y est dit, en effet, que les préfets détermineront les espèces de poissons avec lesquels il est interdit d'appâter les hameçons et autres engins. On fera donc bien de consulter à ce sujet l'arrêté préfectoral.

Si l'arrêté est muet sur ce point, on pourra appâter les hameçons destinés à la pêche au vif avec n'importe quel poisson, à condition, bien entendu, en ce qui concerne ceux qui sont énumérés à l'article 8 ci-dessus, que ces poissons aient les dimensions minima indiquées dans cet article.

Mais on a le droit, sans aucune restriction relative à leur dimension, d'appâter avec les petits poissons : ablettes, goujons, vérons, vandoises, chabots, loches, par exemple, pour lesquels aucune dimension minimum n'a été fixée.

Les préfets ne peuvent d'ailleurs prendre d'arrêté qu'en ce qui concerne les hameçons appâtés avec un poisson vivant. Toutes les autres esches, sans distinction, peuvent être employées, et même les amorces métalliques, cuillers et poissons artificiels, et l'arrêté d'un préfet interdisant l'emploi de ces amorces ou l'autorisant seulement dans certaines conditions, serait entaché de détournement de pouvoir.

Le droit du pêcheur à employer la cuiller, le poisson d'étain et tous autres engins métalliques a d'ailleurs été consacré par de nombreuses décisions de justice.

Il n'en est pas de même de l'épuisette et de la gaffe. La législation est absolument muette sur ce point, et des pêcheurs ont été tracassés au sujet de leur emploi. Cependant, de quelques arrêtés rendus par différents tribunaux, il résulte pour l'épuisette — et pour l'épuisette seulement — que son emploi ne constitue pas un délit de pêche. Tout au plus pourrait-on exiger que le filet de l'épuisette soit à mailles de 0 m. 027 de côté.

Pour terminer cette petite étude, je crois devoir ajouter quelques renseignements complémentaires, destinés à éclairer le pêcheur sur ses droits.

1º Il résulte, de ce qui précède, que le pêcheur ordinaire, non propriétaire ou locataire d'un terrain arrosé par un cours d'eau non navigable ni flottable, ou qui n'a pas obtenu une permission de ces propriétaires ou locataires, qui n'est en outre ni amodiataire ni membre d'une société amodiataire d'un lot de pêche sur un cours d'eau navigable ou flottable, ne peut pêcher autrement qu'à la ligne flottante tenue à la main et dans les cours d'eau du domaine public, c'est-à-dire dans les cours d'eau *navigables et flottables*.

2º Les propriétaires riverains des cours d'eau qui ne sont ni navigables ni flottables, leurs locataires, lorsqu'ils ont le droit de pêche, ou leurs permissionnaires (1), peuvent, dans ces cours d'eau et en vertu de ce principe que tout ce qui n'est pas spécialement défendu est autorisé, capturer le poisson en pêchant à tous les engins non *prohibés*, et notamment, en ce qui concerne la pêche à la ligne, en employant les diverses variétés de lignes à soutenir, à la pelote, au grelot, etc. Ils peuvent même, suivant certains auteurs, pêcher aux lignes de fond posées le soir avant le coucher du soleil et relevées le matin après son lever. Il est bon d'ajouter, cependant, en ce qui concerne ces derniers engins, que la jurisprudence est assez... flottante à cet égard. On fera donc bien de prendre quelques informations avant de les employer. Ce qui donne à penser, cependant, que les lignes de fond, quel que soit d'ailleurs le nom qu'on leur donne, traînées ou cordées, peuvent être

____

(1) Il est toujours préférable, pour ces derniers, de se faire délivrer une permission *écrite* du propriétaire.

employées dans ces eaux par les propriétaires riverains ou leurs ayants droit, c'est qu'elles sont autorisées, dans les eaux du domaine public, pour les amodiataires.

3° Les adjudicataires du droit de pêche dans les rivières navigables et flottables et dans les canaux et rivières canalisées ont la jouissance complète des droits qui leur appartiennent d'après le cahier des charges, et peuvent pêcher à tous les filets et engins non prohibés. Ils peuvent s'adjoindre des co-fermiers et même, — et c'est là surtout le point qui intéresse le pêcheur à la ligne, — délivrer, moyennant le payement d'une somme minime, à un nombre de permissionnaires qui ne peut être supérieur à deux par kilomètre, des licences ou petites permissions les autorisant à pêcher à d'autres lignes que la ligne flottante tenue à la main. Le pêcheur à la ligne, qui désire pratiquer la pêche aux lignes de fond dans les cours d'eau du domaine public, pourra donc se munir d'une de ces petites permissions, moyennant laquelle il pourra se livrer sans contrainte à son plaisir favori.

4° Enfin, il peut arriver qu'une société de pêcheurs à la ligne désire se rendre adjudicataire d'un ou de plusieurs lots de pêche dans un cours d'eau du domaine public. Une loi du 20 janvier 1902 dit ceci :

« Il peut être dérogé, en faveur des sociétés de pêcheurs à la ligne, au principe de l'adjudication dans les conditions déterminées par un règlement d'administration publique. »

Cette loi fut suivie d'un décret en date du 17 février 1903 portant réglementation d'administration publique en faveur des sociétés n'utilisant que deux lignes : une ligne flottante et une ligne plombée.

Enfin, le 20 mai 1905, un second décret modifiait comme suit le précédent :

« ARTICLE PREMIER. — Le deuxième paragraphe de l'article premier du décret du 17 février 1903 est modifié ainsi qu'il suit :

« Pour être admises à bénéficier de cette disposition (1), les sociétés devront prendre l'engagement de renoncer à l'emploi de tous engins de pêche autres que la ligne plombée ordinaire et la ligne flottante, chaque sociétaire ne pouvant se servir simultanément de plus de trois lignes. »

Les membres des sociétés de pêche adjudicataires d'un lot de pêche dans un cours d'eau navigable ou flottable ont donc le droit d'employer trois lignes plombées ordinaires ou flottantes, ce qui leur permet,

____

(1) Dérogation au principe de l'adjudication.

par exemple, de pêcher au coup à la ligne flottante, au grelot ou à la pelote avec une ligne plombée et d'avoir près d'eux une ligne à brochet posée sur des fourches. Il est bien évident, cependant, que par ligne plombée ordinaire, on n'a pas entendu autoriser les lignes de fond, qui ne peuvent d'ailleurs être employées par les membres d'une société, pour peu qu'ils soient assez nombreux, sans que toutes leurs lignes risquent d'être posées les unes sur les autres, ce qui, cela va sans dire, produirait un joli emmêlement.

Le pêcheur membre d'une société peut donc, dans certains cas, jouir d'avantages très sérieux. Non seulement, en effet, les sociétaires peuvent pêcher à plusieurs lignes, mais, encore, le produit des cotisations, quelque minimes qu'elles soient, joint aux subventions qui sont généralement accordées, peut être employé par ces sociétés au repeuplement des eaux qu'elles ont louées, ce qui constitue un double avantage.

Mon dernier conseil, en terminant cet ouvrage, sera donc celui-ci : Unissez vos efforts et vos ressources, associez-vous, et souvenez-vous bien qu'en matière de pêche, comme en beaucoup d'autres, « l'union fait la force ».

FIN

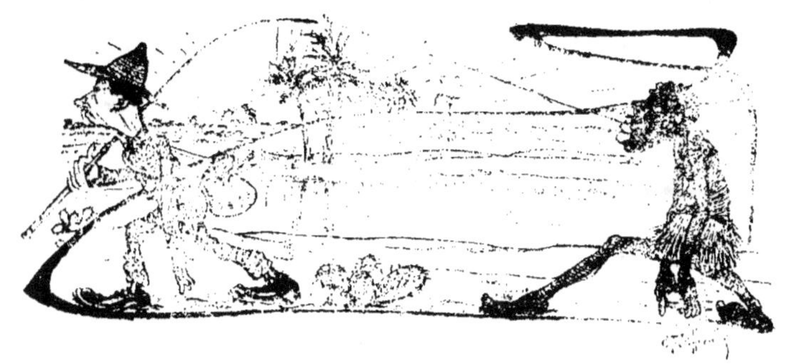

WYERS Frères 

Fabricants d'Ustensiles de Pêche supérieurs

PARIS, 30, Quai du Louvre, 30, PARIS

Adresse télégraphique : **Hameçon, Paris**

Envoient *franco* sur demande leur **Catalogue**, et, contre
Un franc en timbres-poste ou mandat, leur **Grand
Catalogue-Guide illustré** renseignant à fond le pêcheur sur toutes pêches et lui indiquant l'emploi judicieux
des meilleurs engins.

Un spécimen de "*LA PÊCHE MODERNE*", journal
bi-mensuel illustré, est envoyé *gratis* et *franco* à tout pêcheur
faisant parvenir son adresse à la

Rédaction, 30, Quai du Louvre.

Abonnement : Un An, **3** francs.　|　*PARIS :* Ier Arrond^t.

PÊCHEURS !
L'Assortiment le plus complet
EN
ARTICLES de PÊCHE
Se trouve dans le
TARIF-ALBUM-GÉNÉRAL
DE LA
MANUFACTURE FRANÇAISE D'ARMES et CYCLES
De SAINT-ÉTIENNE (Loire)

Contre **30** centimes en timbres-poste, ce beau volume de 1.400 pages, renfermant 20.000 gravures et de nombreuses planches en couleur, vous sera adressé, *franco*, sur simple demande faite à

Messieurs les Directeurs

de la Manufacture Française d'Armes et Cycles de S¹-Étienne (Loire)